"十三五"职业教育国家规划教材
电子信息类专业微课大赛获奖成果

单片机应用技术项目式教程

——Proteus 仿真+实训电路

主　编　迟忠君　赵　明
副主编　应文博　马　骏　鲁宇峰
　　　　范大鸣　王　楠

北京理工大学出版社
BEIJING INSTITUTE OF TECHNOLOGY PRESS

内 容 简 介

本书根据"工学结合"的培养模式,体现"项目导向、任务驱动"的教学理念编写而成。全书共分为7个项目,分别讲述了单片机的结构应用及仿真、单片机汇编指令的应用(流水灯设计)、单片机端口控制(按键显示器的制作)、单片机定时/计数器的应用(全自动洗衣机洗涤控制系统设计)、单片机中断系统的应用(交通灯控制系统的制作)、综合实训(音乐播放器的制作)、拓展训练(单片机C语言控制程序的编写)。本书以汇编语言为主并配以相应的C语言程序作为对照参考,项目以实际电路展开讲解,再基于Proteus进行仿真学习训练,增强了学生学习单片机的积极性。

本书附录中还增加了该项目教程常用的电子器件及搭建的实训电路,帮助有条件的学校进行软硬件联合调试,制作实际电路。

本书深入浅出、任务阐述清晰、项目编排合理、应用电路丰富,既可作为高职高专院校自动化类、电子信息类、机电类和计算机类等专业的课程教材,也可作为应用型本科院校、函授学院以及相关培训班的教材,还可作为单片机应用开发人员的参考书。

版权专有 侵权必究

图书在版编目(CIP)数据

单片机应用技术项目式教程:Proteus仿真+实训电路/迟忠君,赵明主编. —北京:北京理工大学出版社,2019.8(2022.7重印)

ISBN 978-7-5682-7165-3

Ⅰ. ①单… Ⅱ. ①迟… ②赵… Ⅲ. ①单片微型计算机-系统仿真-应用软件-教材 Ⅳ. ①TP368.1

中国版本图书馆 CIP 数据核字(2019)第 131233 号

出版发行 /	北京理工大学出版社有限责任公司
社　　址 /	北京市海淀区中关村南大街5号
邮　　编 /	100081
电　　话 /	(010)68914775(总编室)
	(010)82562903(教材售后服务热线)
	(010)68944723(其他图书服务热线)
网　　址 /	http://www.bitpress.com.cn
经　　销 /	全国各地新华书店
印　　刷 /	三河市天利华印刷装订有限公司
开　　本 /	787毫米×1092毫米　1/16
印　　张 /	14.5
字　　数 /	343千字
版　　次 /	2019年8月第1版　2022年7月第4次印刷
定　　价 /	38.00元

责任编辑 / 陈莉华
文案编辑 / 陈莉华
责任校对 / 周瑞红
责任印制 / 施胜娟

图书出现印装质量问题,请拨打售后服务热线,本社负责调换

　　本书是按照项目导向、任务驱动的编写模式,将单片机应用设计与开发所必需的理论知识与实践技能,分解到不同的项目和任务中而形成的特色教材。教学内容由浅入深、循序渐进地讲述,让学生轻松学习单片机的知识和技能,从而掌握单片机技术及其应用。本书重点突出了知识的核心性和应用性,为学生后续发展奠定了良好的基础。通过对本书的学习,学生能更好地掌握单片机应用技术的知识和典型应用。

　　本书分为7个项目,学习过程由浅入深。前面的项目主要是知识点的分解,后面的项目是各种能力的综合及拓展,项目安排及知识的衔接如下所示:

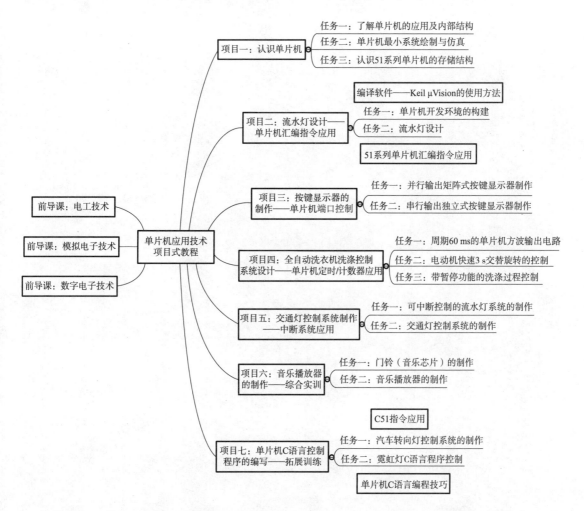

　　本书由辽宁职业学院迟忠君和辽宁地质工程职业学院赵明担任主编,辽宁生态工程

职业学院应文博、辽宁装备制造职业技术学院马骏、辽宁工程职业学院鲁宇峰、渤海船舶职业学院范大鸣、辽宁建筑职业学院王楠担任副主编，迟忠君负责全书的整体策划和统稿工作。其中，应文博编写了本书的项目一、项目二及部分项目的仿真调试工作；赵明编写了本书项目三的任务一、项目四；马骏编写了项目五；迟忠君编写了项目三的任务二、项目六、附录A、附录B、附录C；鲁宇峰编写了本书的项目七；范大鸣与王楠编写了本书的课程标准，并对教材的编写提供了大量建议。编者为本书编写了练习与思考等内容，有利于学生学习、分析和自测。此外，编者还为授课教师提供了配套的教学资源，包括课程标准、授课计划、电子教案、电子课件、练习与思考的答案等。

在全书的编写过程中，得到了西安开元电子实业有限公司蔡永亮、沈阳君逸科技有限公司张磊、辽宁省交通科学研究院孙硕诗三位企业专家的指导和技术上的大力支持，在此表示衷心的感谢。

由于编者水平有限，时间仓促，书中难免存在一些错误和缺点，恳请广大读者批评指正。

编　者

目录 Contents

- 项目一 认识单片机 ·· 1
  - 项目场景 ··· 1
  - 需求分析 ··· 1
  - 方案设计 ··· 1
  - 相关知识和技能 ··· 2
  - 任务一 了解单片机的应用及内部结构 ··· 2
    - 【任务描述】 ··· 2
    - 【任务分析】 ··· 2
    - 【知识准备】 ··· 2
    - 任务实施 ··· 9
    - 任务总结 ··· 11
  - 任务二 单片机最小系统绘制与仿真 ··· 11
    - 【任务描述】 ··· 11
    - 【任务分析】 ··· 11
    - 【知识准备】 ··· 11
    - 任务实施 ··· 16
    - 任务总结 ··· 23
  - 任务三 认识51系列单片机的存储结构 ··· 23
    - 【任务描述】 ··· 23
    - 【任务分析】 ··· 24
    - 【知识准备】 ··· 24
    - 任务实施 ··· 32
    - 任务总结 ··· 33
    - 项目评价 ··· 34
  - 练习与思考 ··· 34

- 项目二 流水灯设计——单片机汇编指令应用 ·· 37
  - 项目场景 ··· 37
  - 需求分析 ··· 37
  - 方案设计 ··· 37
  - 相关知识和技能 ··· 37
  - 任务一 单片机开发环境的构建 ··· 38

　　　　【任务描述】　…………………………………………………………………………… 38
　　　　【任务分析】　…………………………………………………………………………… 38
　　　　【知识准备】　…………………………………………………………………………… 38
　　　任务实施　……………………………………………………………………………………… 40
　　　任务总结　……………………………………………………………………………………… 46
　　任务二　流水灯设计　…………………………………………………………………………… 46
　　　　【任务描述】　…………………………………………………………………………… 46
　　　　【任务分析】　…………………………………………………………………………… 46
　　　　【知识准备】　…………………………………………………………………………… 47
　　　任务实施　……………………………………………………………………………………… 60
　　　任务总结　……………………………………………………………………………………… 63
　　　项目评价　……………………………………………………………………………………… 63
　拓展提高　…………………………………………………………………………………………… 64
　练习与思考　………………………………………………………………………………………… 64

▶项目三　按键显示器的制作——单片机端口控制　………………………………………………… 66
　　项目场景　……………………………………………………………………………………… 66
　　需求分析　……………………………………………………………………………………… 66
　　方案设计　……………………………………………………………………………………… 66
　　相关知识和技能　……………………………………………………………………………… 66
　　　　【知识准备】　…………………………………………………………………………… 67
　　任务一　并行输出矩阵式按键显示器制作　…………………………………………………… 69
　　　　【任务描述】　…………………………………………………………………………… 69
　　　　【任务分析】　…………………………………………………………………………… 69
　　　　【知识准备】　…………………………………………………………………………… 69
　　　任务实施　……………………………………………………………………………………… 71
　　　任务总结　……………………………………………………………………………………… 76
　　任务二　串行输出独立式按键显示器制作　…………………………………………………… 76
　　　　【任务描述】　…………………………………………………………………………… 76
　　　　【任务分析】　…………………………………………………………………………… 76
　　　　【知识准备】　…………………………………………………………………………… 76
　　　任务实施　……………………………………………………………………………………… 77
　　　任务总结　……………………………………………………………………………………… 82
　　　项目评价　……………………………………………………………………………………… 82
　练习与思考　………………………………………………………………………………………… 83

▶项目四　全自动洗衣机洗涤控制系统设计——单片机定时/计数器应用　……………………… 85
　　项目场景　……………………………………………………………………………………… 85

需求分析 ··· 85
方案设计 ··· 85
相关知识和技能 ··· 86
【知识准备】 ··· 86

任务一 周期 60 ms 的单片机方波输出电路 ························· 88
【任务描述】 ··· 88
【任务分析】 ··· 88
【知识准备】 ··· 89
任务实施 ··· 92
任务总结 ··· 95

任务二 电动机快速 3 s 交替旋转的控制 ···························· 95
【任务描述】 ··· 95
【任务分析】 ··· 95
【知识准备】 ··· 95
任务实施 ··· 95
任务总结 ··· 98

任务三 带暂停功能的洗涤过程控制 ································· 98
【任务描述】 ··· 98
【任务分析】 ··· 99
【知识准备】 ··· 99
任务实施 ··· 99
任务总结 ··· 103
项目评价 ··· 103
拓展提高 ··· 103
练习与思考 ··· 104

▶项目五 交通灯控制系统的制作——中断系统应用 ·············· 105
项目场景 ··· 105
需求分析 ··· 105
方案设计 ··· 105
相关知识和技能 ··· 105

任务一 可中断控制的流水灯系统的制作 ··························· 106
【任务描述】 ··· 106
【任务分析】 ··· 106
【知识准备】 ··· 106
任务实施 ··· 115
任务总结 ··· 119

任务二 交通灯控制系统的制作 ······································· 119
【任务描述】 ··· 119

　　　　【任务分析】…………………………………………………………………120
　　　　任务实施…………………………………………………………………………120
　　　　任务总结…………………………………………………………………………126
　　　　项目评价…………………………………………………………………………126
　　练习与思考……………………………………………………………………………127

▶项目六　音乐播放器的制作——综合实训……………………………………………129
　　项目场景…………………………………………………………………………………129
　　需求分析…………………………………………………………………………………129
　　方案设计…………………………………………………………………………………129
　　相关知识和技能…………………………………………………………………………130
　　　　【知识准备】…………………………………………………………………130
　　任务一　门铃（音乐芯片）的制作……………………………………………………132
　　　　【任务描述】…………………………………………………………………132
　　　　【任务分析】…………………………………………………………………132
　　　　【知识准备】…………………………………………………………………133
　　　　任务实施…………………………………………………………………………135
　　　　任务扩展…………………………………………………………………………141
　　　　任务总结…………………………………………………………………………142
　　任务二　音乐播放器的制作……………………………………………………………143
　　　　【任务描述】…………………………………………………………………143
　　　　【任务分析】…………………………………………………………………143
　　　　【知识准备】…………………………………………………………………143
　　　　任务实施…………………………………………………………………………146
　　　　任务扩展…………………………………………………………………………152
　　　　任务总结…………………………………………………………………………153
　　　　拓展提高…………………………………………………………………………153
　　　　项目评价…………………………………………………………………………154
　　练习与思考……………………………………………………………………………154

▶项目七　单片机 C 语言控制程序的编写——拓展训练………………………………155
　　项目场景…………………………………………………………………………………155
　　需求分析…………………………………………………………………………………155
　　方案设计…………………………………………………………………………………155
　　相关知识和技能…………………………………………………………………………156
　　任务一　汽车转向灯控制系统的制作…………………………………………………156
　　　　【任务描述】…………………………………………………………………156
　　　　【任务分析】…………………………………………………………………156

    【知识准备】·· 157
    任务实施 ·· 172
    任务总结 ·· 176
  任务二 霓虹灯 C 语言程序控制 ······································ 177
    【任务描述】·· 177
    【任务分析】·· 177
    【知识准备】·· 177
    任务实施 ·· 191
    任务总结 ·· 193
    拓展提高 ·· 193
    项目评价 ·· 193
  练习与思考 ·· 194

▶ 附录 A 本教程中常用的器件及实训电路 ······························ 196

▶ 附录 B 51 系列单片机指令表 ·· 205

▶ 附录 C C51 关键字和常用标准库函数 ································ 209

▶ 参考文献 ·· 219

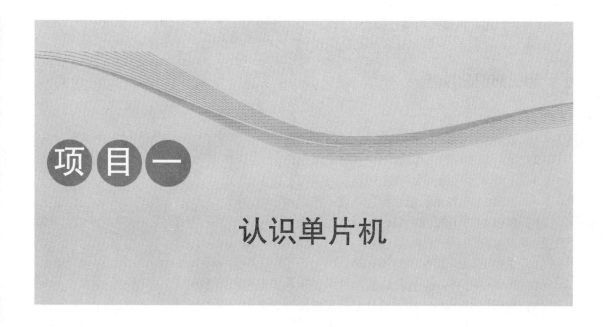

项目一 认识单片机

📌 项目场景

随着科技的进步、人民生活水平的提高,基于单片机开发的产品不断进入人们的生活,小到遥控器,大到家用电器,单片机几乎每天都在为我们提供服务;单片机在工业生产中的作用就更为重要,它提高了工业自动化水平,给工业带来革命性的飞跃。

因此学习单片机对今后的工作生产具有重要意义。认识单片机,是学习单片机的第一步也是最重要的一步,通过本项目的学习可以使初学者明确地认识单片机的作用及发展过程,了解单片机的内部结构和工作原理,掌握单片机的最小应用系统和存储结构,并培养初学者对单片机的学习兴趣与信心,为后续学习打下基础。同学们学好单片机应用技术,为推动我国工业向智能化时代发展贡献自己的力量。

📌 需求分析

单片机应用系统是由硬件及软件(程序)两部分组成的,因此单片机的学习也必将围绕着单片机硬件设计和程序编写而开展。本项目是后续单片机学习的基础,其中单片机的引脚、最小系统和存储结构是单片机学习过程中不可回避的重点,也是难点,因此务必理解并牢记。

因为本书后续任务都将利用 Proteus 仿真软件进行学习,所以安装并掌握 Proteus 软件对单片机的学习尤为重要。本书以 Proteus 7 版本为基础进行介绍,其他版本操作基本相同。

📌 方案设计

设计 3 个任务,循序渐进地将单片机的概述、单片机引脚及最小系统、单片机存储结构的知识合理地融入任务当中。

任务一:了解单片机的应用及内部结构;

任务二：单片机最小系统绘制与仿真；
任务三：认识 51 系列单片机的存储结构。

相关知识和技能

1. 知识目标
（1）了解单片机的定义；
（2）了解单片机的内部结构；
（3）了解单片机的引脚功能；
（4）掌握 51 单片机的最小应用系统；
（5）掌握 51 单片机的存储结构。
2. 技能目标
（1）掌握 Proteus 软件的使用方法；
（2）熟练使用 Proteus 软件绘制单片机最小系统电路图；
（3）熟练使用 Proteus 软件设计单片机电路并仿真、调试。

任务一　了解单片机的应用及内部结构

【任务描述】

首先通过观察单片机芯片及听取教师讲解，初步认识单片机；然后观看某单片机应用系统的实物（或视频）演示，进一步了解单片机的作用及工作过程；在听取教师讲解后，通过分组讨论、查阅资料、观看微课的形式，完成任务页上的问题。课后，继续通过网络与图书收集资料，完成课后分组任务。

【任务分析】

要想真正认识单片机，首先要弄明白"单片机是什么""它有什么作用"以及"它是怎么工作的"；弄清楚上述问题后，然后思考"我身边有没有单片机""哪些产品或应用上会有单片机"；当前面的问题都清楚了，请列举一项有单片机参与的产品或应用，并尝试讲述它的控制原理或工作过程。

【知识准备】

1. 什么是单片机

单片机是将计算机的主要部件，即中央处理器（CPU）、存储器（RAM 和 ROM）、定时/计数器、输入/输出（I/O）接口电路等，集成在一块大规模集成电路中，形成芯片级的微型计算机，称之为单片微型计算机（Single Chip Microcomputer），简称单片机。单片机体积小、成本低、可靠性高、控制功能强，广泛应用于各类电子设备及产品中。图 1-1 所示为几种常见的单片机。

注：在单片机诞生时，单片机（Single Chip Microcomputer, SCM）是一个准确而流行的称谓。随着单片机在技术、体系结构、控制功能上不断扩展和完善，"单片微型计算机"已不能准确表达其内涵了，国际上逐渐采用"微控制器"（Micro Controller Unit, MCU）来称呼它，并成了公认统一的名词，国内因为"单片机"一词已约定俗成，故而继续沿用至今。

图 1-1 几种常见的单片机

一个最基本的单片机由以下几部分组成：
（1）中央处理器 CPU：包括运算器、控制器和寄存器组。
（2）存储器：包括程序存储器（ROM）和数据存储器（RAM）。
（3）输入/输出（I/O）接口：它是与外部输入/输出设备连接的通道。
典型的单片机组成框图，如图 1-2 所示。

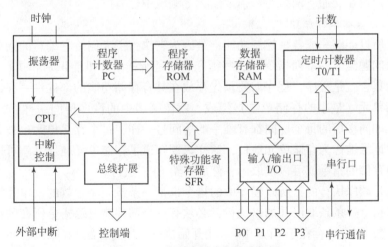

图 1-2 典型的单片机组成框图

2. 单片机的作用及应用领域

单片机主要面向控制领域，能够实现系统的在线控制。单片机芯片的微小体积和极低的成本使其可广泛地嵌入到各类产品中，成为现代电子系统中最重要的智能化工具。目前，单片机的应用日益广泛，下面简单介绍其典型的应用领域。

(1) 智能仪表。

单片机用于各种仪器仪表，促使仪表向数字化、智能化、多功能化、综合化、柔性化方向发展，将监控、处理、控制等功能一体化，简化了仪器仪表的硬件结构，可以方便地完成仪器仪表产品的升级换代。如数字万用表、出租车计价器、智能电表、分析仪和智能传感器等。

(2) 实时工业控制。

用单片机可以构成各种不太复杂的工业控制系统、数据采集系统等，达到测量与控制的目的。典型应用如电机转速控制、报警系统和生产过程自动控制等。

(3) 机电一体化产品。

机电一体化产品集机械技术、微电子技术、自动化技术和计算机技术于一体，单片机与传统的机械产品相结合，使传统机械产品结构简化，控制智能化。典型产品如机器人、数控机床、可编程控制器等。

(4) 智能接口。

在计算机控制系统，特别是在较大型的工业测控系统中，经常要采用分布式测控系统完成大量的分布参数的采集。单片机被作为分布式系统的前端采集模块，进行接口的控制与管理。

(5) 办公自动化。

现在大多数办公设备都采用了单片机进行控制，如打印机、复印机、传真机和考勤机等。

(6) 商业营销。

商业营销系统广泛使用单片机构成的专用系统，如电子秤、收款机、条形码阅读器、商场保安系统、空气调节系统和冷冻保鲜系统等。

(7) 家用电器。

家用电器是单片机的又一重要应用领域，前景十分广阔。如空调、电冰箱、微波炉、洗衣机、电饭煲、高档洗浴设备、遥控器、智能玩具等。

另外，单片机在交通、网络与通信及航天等领域中也有广泛应用。

3. 单片机的基本工作原理

单片机之所以能够完成各种控制功能，是因为它执行了人们给它编写的指令。人们要把单片机解决的问题编成一系列指令（这些指令必须是所选单片机能识别和执行的指令），这一系列指令的集合就是程序，程序需要预先存放在具有存储功能的部件——存储器中。存储器由许多存储单元（最小的存储单位）组成，就像楼房中的许多房间一样，指令就存放在这些单元里。如同楼房的每个房间都有唯一的房间号一样，每个存储单元也被分配了唯一的地址号，该地址号被称为存储单元地址，这样只要知道了存储单元地址，就可以找到这个存储单元，其中存储的指令就可以被取出，然后送给 CPU 执行。

程序通常是顺序执行的，所以程序中的指令也是一条条顺序存放的，单片机在执行程序时要想把这些指令一条条取出并加以执行，必须有一个部件能追踪指令所在的地址，这一部件就是程序计数器 PC（存在于 CPU 中）。在开始执行程序时，给 PC 赋以程序中第一条指令所在的地址，然后取得每一条将要执行的指令，PC 中的内容就会自动增加（增加量由本条指令的长度决定，可能是 1、2 或 3），以指向下一条指令的起始地址，保证指令不需人工干预、顺序执行。

单片机执行了指令之后，就按指令要求发出相应的控制信号，比如控制输入/输出（I/O）接口。接口简单地说就是引脚，单片机可以通过引脚输出高低电平，也可检测这个引脚当前电平的高低。通过输入/输出的高低电平来实现对外部器件（如键盘、显示、通信等设备）的控制。

4. 单片机的特点

单片机的出现是近代计算机技术发展史上的一个重要里程碑，标志着计算机正式形成了通用计算机系统和嵌入式计算机系统两大分支。单片机与普通的微型计算机相比，主要具有以下特点：

（1）体积小、结构简单、可靠性高。

单片机把各功能部件集成在一个芯片上，内部采用总线结构连接，减少了芯片之间的连线，大大提高了单片机的可靠性与抗干扰能力。另外，其体积小，对于强磁场环境易于采取屏蔽措施，适合在恶劣环境下工作。

（2）控制能力强。

单片机虽然结构简单，但是它"五脏俱全"，已经具备了足够的控制功能。单片机具有较多的 I/O 口，CPU 可以直接对 I/O 进行操作，指令简单丰富。所以单片机也是"面向控制"的计算机。

（3）低电压、低功耗。

单片机可以在 5 V 的电压下运行，有的已能在 1.2 V 或 0.9 V 下工作，功耗降至为 μA 级，一颗纽扣电池就可使其长期运行。

（4）开发周期短，性价比高，易于产品化。

将不同功能的接口电路嵌入基本型单片机芯片后，用户就可以根据用途选择相应型号的单片机芯片，无须通过外部扩展，减少了芯片数目，从而减少了印制电路板的面积。接插件减少，安装简单方便，价格明显降低，开发周期短，在达到同样功能的条件下，用单片机开发的控制系统比用其他类型的微型计算机开发的控制系统价格更便宜，具有很高的性价比。

5. 单片机的发展过程

单片机出现的历史并不长，但发展十分迅猛。单片机技术发展过程可分为以下 3 个主要阶段：

（1）低性能初级阶段。

以 1976 年 Intel 公司推出的 MCS-48 系列为代表，采用将 8 位 CPU、8 位并行 I/O 接口、8 位定时/计数器、RAM 和 ROM 等集成于一块半导体芯片上的单片结构，虽然其寻址范围有限（不大于 4 KB），也没有串行 I/O 接口，而且 RAM、ROM 容量小，中断系统较简单，指令系统功能也不强，但其功能可满足一般工业控制和智能化仪器、仪表等需要。

（2）高性能提高阶段。

以 Intel 公司的 MCS-51 系列为代表，在这一阶段推出的单片机普遍带有串行 I/O 接口，有多级中断处理系统及 16 位定时/计数器。片内 RAM、ROM 容量加大，且寻址范围可达 64 KB，有的片内还带有 A/D 转换接口。结构体系逐步完善，性能也大大提高，面向控制的特点进一步突出，增强了单片机的控制功能。

（3）8 位机巩固发展以及多品种共存阶段。

1983 年，Intel 推出 MCS-96 系列单片机是最具有代表性的，片内集成 16 位 CPU，RAM 和 ROM 的容量也进一步增大，并且带有高速 I/O 部件，带有多通道 A/D 转换器，8 级中断处理能力使其具有更强的实时处理功能。近年来，已有 32 位单片机进入实用阶段。单片机在集成度、功能、速度、可靠性、应用领域等方面向全方位更高水平发展。同时高档8位单片机也在不断改善其结构，各厂家纷纷以 MCS-51 为内核，融入自身的优势，推出了许多 MCS-51 兼容机，强化了微控制器的特征，进一步巩固和发展了8位机的主流地位。目前8位单片机的品种繁多，各具特色，在一定的时期内，将不存在某个单片机一统天下的垄断局面，走的是"依存互补、相辅相成、共同发展"的道路。

（4）中国单片机的发展状况。

我国的单片机发展历史很短，起步基本落后于全球产业20年，但是发展迅速，从初级要求到低性能，再到高性能全面进步，如今单片机已经实现了定制化的需求。我国是全球最大的消费电子制造中心，这为国内单片机企业制造了广阔的市场。

6. 单片机的发展趋势

由于8位单片机价格便宜，且在速度与功能上逐步与16位单片机逼近，可以预计，在未来很长时间内，8位单片机仍将是单片机的主流机型。从发展的趋势来说，单片机正朝着低功耗、微型化方向发展。

（1）低功耗 CMOS 化。

在许多应用场合，单片机不仅要有很小的体积，而且还需要较低的工作电压和极小的功耗。现在各个单片机制造商基本都采用了 CMOS 工艺，并设有空闲和掉电两种工作方式。

（2）内部资源丰富、外围电路内装化，整体微型化。

近年来，世界各大半导体厂商热衷于开发增强型8位单片机，片内新增了 A/D 和 D/A 转换器、监视定时器、DMA 通道和总线接口等。有些厂家还把晶振和 LCD 驱动电路集成到芯片之中，还可以根据用户的要求量身定做，制造出具有自己特色的单片机芯片。片内资源丰富、功能强大，构成单片机控制系统的硬件开销越来越少。

（3）大容量、高性能。

单片机片内存储器的容量进一步扩大，存储器种类也从普通的 ROM 或 EPROM 向 Flash 方向发展，具有在线编程功能；CPU 字长增加，总线速度提高，硬件功能扩充，指令执行速度加快；对外部存储器、I/O 口寻址能力增强，更利于系统的扩展和开发。

（4）以串行方式为主、并行为辅的外围扩展方式。

如今，单片机外围器件的串行扩展已成为主流，不仅仅是 I/O 口，几乎所有的外围器件都能提供串行扩展接口。因此，不少单片机已废除外部并行扩展总线，单片机应用系统向片上最大化＋串行外围扩展的体系结构发展。

（5）ISP 及 IAP 技术的应用。

在系统可编程 ISP（In System Programming）和在应用中可编程 IAP（In Application Programming）技术可通过单片机上引出的编程线、串行数据线、时钟线等在线对单片机编程。编程线与 I/O 线共用，不增加单片机的额外引脚。具备在系统可编程 ISP 技术的单片机，可在电路板上对空白器件直接编程并写入最终用户代码，已经编程的器件也可用 ISP 方式擦除或再编程。而在应用中可编程 IAP 技术更胜一筹，用户可以在一个应用系统中获取新代码并重新编程，即可用程序来改变程序。ISP 和 IAP 技术为系统的开发调试提供了方便，它是未来单片机的发展方向。

7. 常见单片机系列产品

近年来，国内单片机应用呈现百花齐放之势，很多不同类型的单片机逐渐进入中国，这给我们增加了选择余地。目前广泛应用的单片机主要有以下种类。

（1）51系列。

在MCS－51单片机成功之后，Intel公司将8051核心技术授权给了许多公司，如Atmel、Siemens、Philips、STC等，这些公司相继推出了以8051为基础内核同时加入自己专利技术的单片机产品，使得51系列单片机的发展长盛不衰，从而形成了一个既具有经典性，又有旺盛生命力的单片机系列。

我们常说的51系列单片机，特指Intel公司的MCS－51系列单片机，泛指不同公司生产的以8051为核心与其完全兼容的所有单片机。表1－1是目前在我国使用较为普遍的51单片机系列、厂商和特点。

表1－1 各厂商51系列单片机及其应用领域

公司	系列	型号	特点	公司标志
Intel	MCS－51系列	8051、87C252等	51系列的典型，4 KB ROM、128 B RAM、CISC指令集	intel.
Philips	LPC900系列	LPC9102、LPC9103等	体积小，功能强、CISC指令集	PHILIPS
Atmel	AT89系列	AT89S51、AT89C52等	基于51核心开发，低功耗、稳定性高	ATMEL
STC	STC89、STC15系列	STC89S52等	兼容51单片机，价格低廉，性价比高	STCmicro

（2）PIC系列。

美国微芯科技股份有限公司的RISC单片机，工艺性能优良，抗干扰能力强，系列品种齐全，其OTP（一次性可编程）产品大批量用于家电控制等场合，某些内置Flash ROM的型号用于工业控制也很合适。

（3）AVR系列。

号称速度最快的8位单片机，该系列单片机的特点是片内采用Flash ROM，可多次擦写，高速度、低功耗，每条指令只需一个时钟周期即可执行完毕，具有串行下载功能，高低档品种齐全，便于选择。

> **提示**：本书以MCS－51单片机为主要研究对象，介绍它的内部结构、功能和使用方法。在后续章节的项目应用中，我们使用了目前市场应用最广泛的51系列单片机典型产品AT89S51作为控制核心单元。在Proteus软件中，因为元件库中没有AT89S51，所以我们选择AT89S51的前期型号AT89C51作为仿真控制核心，它的使用方法与AT89S51相同。

8. MCS－51单片机内部结构

在MCS－51系列单片机中，有2个子系列：51子系列和52子系列。每个子系列有若干种型号。51子系列有8051、8751和8031三个型号，后来经过改进产生了80C51、87C51和80C31三个型号；52子系列有8052、8752和8032三个型号，改进后的型号是80C52、87C52和80C32。改进后的型号更加省电。52子系列比51子系列增加了定时器T2，并将内部程序存储器增加到8 KB。

Intel公司停止生产MCS-51系列单片机之后,将生产许可权转移给许多其他公司,于是出现了许多与MCS-51兼容的单片机。现在生产MCS-51兼容单片机的公司都对其进行了不同程度的改进和提高。我们现在使用的比较多的有AT89C51、AT89S51等。

我们以MCS-51系列单片机的典型型号80C51(或8051,即51子系列)为例,来介绍其结构及功能。MCS-51的内部功能框图如图1-3所示。

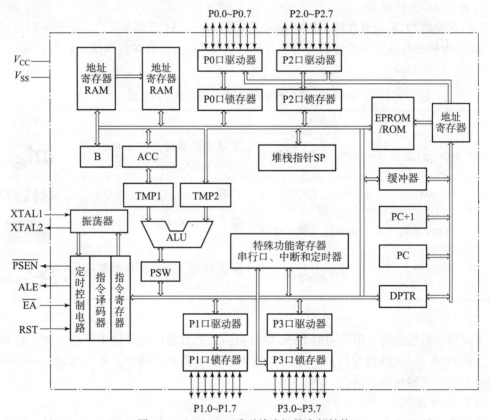

图1-3 MCS-51系列单片机的内部结构

分析图1-3,并按其功能部件划分可以看出,MCS-51系列单片机是由8大部分组成的。图1-4为按功能划分的单片机内部结构简化框图。

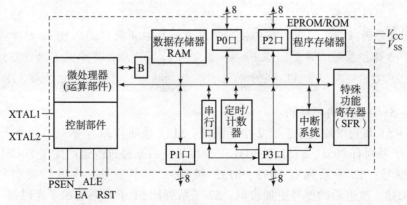

图1-4 MCS-51系列单片机的内部结构简化框图

MCS-51 系列单片机的 8 大组成部分是：

（1）一个 8 位中央处理器 CPU。CPU 的内部结构是由运算器和控制器组成的，是单片机的核心部件。其中包括算术逻辑运算单元 ALU、累加器 ACC、程序状态字寄存器 PSW、堆栈指针 SP、寄存器 B、程序计数器（指令指针）PC、指令寄存器 IR、暂存器等部件。

（2）128 B 的片内数据存储器 RAM。片内数据存储器用于存放数据、运算结果等。

（3）4 KB 的片内程序存储器 ROM 或 EPROM，用于存放程序、原始数据和表格。目前，在许多公司的改进产品里都换成了 Flash 存储器并提高了存储容量。

（4）18 个特殊功能寄存器 SFR。CPU 内部包含了一些外围电路的控制寄存器、状态字寄存器以及数据输入/输出寄存器，这些外围电路的寄存器构成了 CPU 内部的特殊功能寄存器。18 个特殊功能寄存器 SFR 中有 3 个是 16 位的，共占用了 21 个字节。

（5）4 个 8 位并行输入/输出 I/O 接口。P0 口、P1 口、P2 口、P3 口（共 32 线），用于并行输入或输出数据。

（6）1 个串行 I/O 接口，完成单片机与其他微机之间的串行通信。

（7）两个 16 位定时/计数器 T0、T1（52 子系列增加了 T2）。

（8）具有 5 个（52 子系列为 6 个或 7 个）中断源、两个优先级的中断系统，它可以接收外部中断申请、定时/计数器中断申请和串行口中断申请。

提示：将不同容量和种类的存储器、一些基本的和常用的外围电路，如振荡器、定时/计数器、串行通信、中断控制和 I/O 接口电路等集成在一个芯片内是单片机的重要特征。

任务实施

1. 观察单片机芯片，初识单片机

教师将几种常见的单片机（建议选取不同公司、不同型号的单片机）芯片发放（或传阅）给学生，让学生观察并记录每块单片机芯片上的文字及引脚根数，并回答下述问题：

①所观察到的单片机芯片型号是什么？有多少根引脚？是哪个公司的产品？
②单片机芯片有方向吗？如何区分方向？
③单片机芯片与"电子技术"课程中使用的其他芯片在外观上有区别吗？

2. 明确单片机的定义

请学生查阅"知识准备"并回答"什么是单片机？单片机与其他芯片的区别是什么？"。教师听取学生的回答后详细讲解单片机的定义，解答学生的疑问。

3. 观看单片机应用系统的工作过程，了解单片机的工作原理

教师展示某种单片机应用系统（如电子钟、数字温度计、直流电机控制器或循迹小车等，以效果明显、原理简单的单片机小系统为宜）的工作过程。请学生详细听教师在演示中讲解单片机的作用、工作原理等。

观看后请学生回答如下问题：
①单片机芯片是否可以不借助其他电子元件独自发挥作用？
②单片机芯片在系统中起到什么作用？简述一下它的控制方法或过程。

③整个单片机应用系统的控制方法或过程可以改变吗（比如灯的常亮变闪烁）？需要改变什么才能实现？

教师听取学生的回答后总结并详细讲解单片机应用系统的组成、单片机的工作原理及过程，并解答学生的疑问。

4. 通过教师讲解、分组讨论、查阅资料、观看微课等完成任务页问题

学生以多种形式来完成任务页的问题，教师严格把关，务必让学生清楚地理解单片机的定义、工作方式、应用领域等，真正达到认识单片机的目的。

学习任务页1						
班级		姓名		学号		组别
问题1：用自己的语言简述什么是单片机。						
问题2：我们本门课所学的单片机是什么系列的单片机？列举几个同系列单片机的型号。						
问题3：请列举几个你身边的单片机应用的实例。						
问题4：51单片机的内部主要由哪几部分构成？						
问题5：单片机芯片与单片机应用系统的区别是什么？						
教师批阅							
课后题：简述某单片机应用系统的工作原理。 (通过网络与图书查阅资料、收集案例，下次课口述工作原理)						

任务总结

毕业后从事单片机开发工作的学生不多,多数同学只是从事维护和使用单片机应用系统的工作。因此,让学生清楚地认识单片机、了解单片机的作用、工作原理及应用领域尤为重要,对学生后续的学习及工作都有重要帮助。单片机作品演示有助于培养学生的学习兴趣,因此选择一个好的作品能起到事半功倍的作用。

任务二 单片机最小系统绘制与仿真

【任务描述】

使用 Proteus ISIS 仿真软件绘制 51 系列单片机最小应用系统并进行仿真,点亮一盏 LED 小灯。

【任务分析】

在实施任务之前,首先要了解单片机的内部结构及外部引脚功能,尤其要清楚时钟电路、复位电路的作用,熟记单片机最小应用系统的电路原理图。在教师的引领下熟悉 Proteus ISIS 软件的使用方法,完成 51 系列单片机最小应用系统的电路原理图的绘制与仿真。因初学者还未学习单片机程序编写,所以仿真所使用的源程序(.hex 文件)由教师统一提供。学生可以通过扫描二维码观看操作视频辅助学习。

【知识准备】

1. MCS - 51 单片机的引脚功能

MCS - 51 单片机芯片引脚位置及功能符号如图 1 - 5 所示。引脚的功能见表 1 - 2。

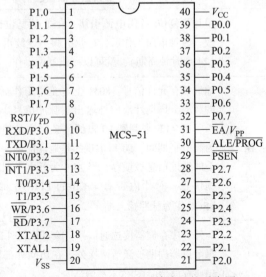

图 1 - 5　MCS - 51 系列单片机的引脚图

表1-2 MCS-51单片机引脚功能

名称	引脚号	类型	名称和功能
V_{SS}	20	I	接地
V_{CC}	40	I	电源：提供掉电、空闲、正常工作电压
P0.0~P0.7	39~32	I/O	P0口：P0口为三态双向口，既可作地址/数据总线使用（访问外部程序存储器时作地址的低字节，访问外部数据存储器时作数据总线），又可作通用I/O口使用
P1.0~P1.7	1~8	I/O	P1口：P1口是带内部上拉电阻的双向I/O口，向P1口写入1时P1口被内部上拉为高电平，可用作输入口
P2.0~P2.7	21~28	I/O	P2口：P2口是带内部上拉电阻的双向I/O口，向P2口写入1时P2口被内部上拉为高电平，可用作输入口；在访问外部程序存储器和外部数据存储器时作为地址的高字节（MOVX @ DPTR），当使用8位寻址方式（MOV @ Ri）访问外部数据存储器时，P2口发送P2特殊功能寄存器的内容
P3.0~P3.7	10~17	I/O	P3口：P3口是带内部上拉电阻的双向I/O口，向P3口写入1时P3口被内部上拉为高电平，可用作输入口；此外，P3口还具有以下特殊功能： RXD（P3.0）　　串行输入口 TXD（P3.1）　　串行输出口 $\overline{INT0}$（P3.2）　　外部中断0 $\overline{INT1}$（P3.3）　　外部中断1 T0（P3.4）　　定时器T0外部输入 T1（P3.5）　　定时器T1外部输入 $\overline{WR}$（P3.6）　　外部数据存储器写信号 $\overline{RD}$（P3.7）　　外部数据存储器读信号
RST/V_{PD}	9	I	单片机复位/备用电源引脚：RST是复位信号的输入端，高电平有效。时钟电路工作后，在此引脚上连续出现两个机器周期的高电平（24个时钟周期），就可以完成复位操作
ALE/$\overline{PROG}$	30	O	地址锁存允许信号：8051上电正常工作后，ALE端以晶振频率1/6的频率，周期性地向外输出正脉冲信号。P0口作为地址/数据复用口，用ALE来判别P0口的信息究竟是地址还是数据信号，当ALE为高电平期间，P0口出现的是地址信息，ALE下降沿到来时，P0口上的地址信息被锁存，当ALE为低电平期间，P0口上出现指令和数据信息。对片内带有4 KB的EPROM的8751编写固化程序时，$\overline{PROG}$作为脉冲输入端
$\overline{PSEN}$	29	O	片外程序存储器读选通信号：除了执行外部程序存储器代码时$\overline{PSEN}$每个机器周期被激活两次外，在访问外部数据存储器或在访问内部程序存储器时$\overline{PSEN}$不被激活

续表

名称	引脚号	类型	名称和功能
$\overline{EA}/V_{PP}$	31	I	内部和外部程序存储器选择信号； 当$\overline{EA}$引脚接高电平时，CPU 先访问片内 4 KB 的 EPROM/ROM，执行片内程序存储器中的指令，但在程序计数器计数超过 0FFFFH 时（即地址大于 4 KB 时），将自动转向执行片外大于 4 KB 程序存储器内的程序； 若$\overline{EA}$引脚接低电平（接地）时，CPU 只访问外部程序存储器，而不管片内是否有程序存储器。对于 8031 单片机（片内无 ROM）需外扩 EPROM，故必须将$\overline{EA}$引脚接地。 在对 EPROM 编写固化程序时，需对此引脚施加 +21 V 的编程电压
XTAL1	19	I	接外部石英晶振的一端。在单片机内部，它是一个反相放大器的输入端，这个放大器构成了片内振荡器。当采用外部时钟时，对于 HMOS 单片机，该引脚接地；对于 CHMOS 单片机，该引脚作为外部振荡信号的输入端
XTAL2	18	O	接外部石英晶振的一端。在单片机内部，接片内振荡器的反向放大器的输出端。当采用外部时钟时，对于 HMOS 单片机，该引脚作为外部振荡信号的输入端；对于 CHMOS 单片机，该引脚悬空

> 注：引脚名称上方的横线代表该引脚功能为低电平有效；名称中带"/"的引脚均为复用引脚，目的是节约引脚资源，缩小芯片尺寸；随着存储器成本不断下降，许多厂家都扩大了单片机片内存储器的容量，因此存储器的扩展功能已经很少使用了。

2. 时钟电路与时序

单片机系统的各部分是在中央控制器 CPU 的统一指挥下协调工作的，CPU 根据不同指令，产生相应的定时信号和控制信号，各部分和各控制信号之间要满足一定的时间顺序。

（1）时钟电路。

时钟电路就是能够产生 CPU 工作所需的时钟信号的电路。时钟信号的产生有两种方式：内部振荡器方式和外部引入方式。

①内部振荡器方式。

采用内部振荡器方式时，如图 1-6（a）所示。片内的高增益反相放大器通过 XTAL1、XTAL2 外接作为反馈元件的片外晶体振荡器（呈感性）与电容组成的并联谐振回路构成一个自激振荡器，向内部时钟电路提供振荡时钟。振荡器的频率主要取决于晶体的振荡频率，一般可在 1.2~12 MHz 范围任选。电容 C_1、C_2 可在 5~30 pF 范围选择，电容的大小对振荡频率有微小的影响，可起频率微调作用。

②外部引入方式。

外部脉冲信号由 XTAL2 引脚输入，送至内部时钟电路，如图 1-6（b）所示。

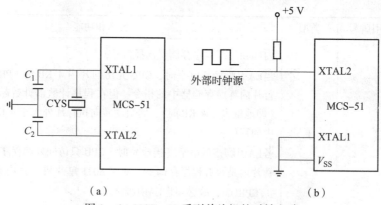

图1-6 MCS-51系列单片机的时钟电路
(a) 内部振荡器方式；(b) 外部引入方式

(2) 时序。

单片机与其他计算机的工作方式相同，即采用存储程序的方式，事先把程序加载到单片机的存储器中，CPU再按程序中的指令一条一条地执行。单片机在执行指令时，通过将一条指令分解为若干基本的微操作，这些微操作所对应的脉冲信号在时间上的先后次序称为时序。

①振荡周期：为单片机提供时钟信号的振荡源的周期（晶振周期或外加振荡源周期）。振荡脉冲的周期也称为节拍，用P表示。振荡周期又称时钟周期。

②状态周期：即CPU从一个状态转换到另一个状态所需的时间。在MCS-51中，一个状态周期由两个时钟周期组成。两个振荡周期为一个状态周期，用S表示。

③机器周期：是计算机完成一次完整的、基本的操作所需要的时间。MCS-51机器周期由6个状态周期组成，用S_1、S_2、…、S_6表示，共12个振荡周期。

1个机器周期 = 6个状态周期 = 12个振荡周期

④指令周期：执行一条指令所需的时间。指令周期往往由一个或一个以上的机器周期组成。指令周期的长短与指令所执行的操作有关。51系列单片机的指令周期通常为1~4个机器周期。

51系列单片机的一个机器周期由12个振荡周期组成，分为6个状态，分别称为S_1、S_2、S_3、S_4、S_5、S_6，每个状态都包含P_1、P_2两拍。振荡周期、状态周期、机器周期和指令周期的关系如图1-7所示。

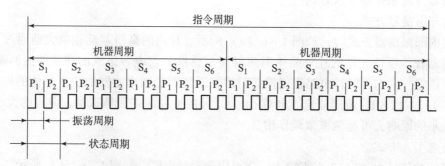

图1-7 MCS-51各种周期的关系

例如：外接晶振为 12 MHz 时，MCS – 51 单片机的 4 个时间周期的具体值为：
振荡周期 = 1/12 μs；
状态周期 = 1/6 μs；
机器周期 = 1 μs；
指令周期 = 1 ~ 4 μs。

3. 复位电路

单片机在开机时或在工作中因干扰而使程序失控或工作中程序处于某种死循环状态等情况下都需要复位。复位的作用是使中央处理器 CPU 以及其他功能部件都恢复到初始状态，并从初始状态重新开始工作。

单片机的复位靠外部电路实现，信号由 RST（Reset）引脚输入，只要保持 RST 引脚为高电平持续两个机器周期（一般复位正脉冲宽度大于 10 ms），单片机即能正常复位。复位分为上电复位和按键复位（又称随机复位），上电复位电路如图 1 – 8（a）所示，按键复位电路如图 1 – 8（b）所示。

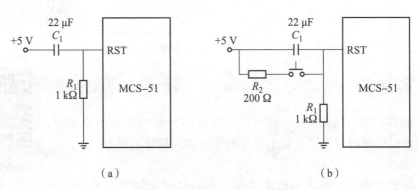

图 1 – 8　MCS – 51 复位电路
（a）上电复位电路；（b）按键复位电路

4. MCS – 51 系列单片机的最小应用系统

单片机能够运行的最基本配置称为单片机最小应用系统。MCS – 51 单片机内部集成了计算机的基本部分，只要在单片机外部配有如下电路，单片机即可正常工作。

（1）电源：51 系列单片机的工作电压一般为直流 5 V，V_{CC} 接电源正极，V_{SS} 接电源负极。

（2）时钟电路：为单片机提供时钟信号的振荡电路。

（3）复位电路：上电复位或按键复位电路。

（4）$\overline{EA}$ 引脚处理：如果选择使用片内程序存储器，$\overline{EA}$ 引脚接高电平。

8051/8751 单片机的最小应用系统如图 1 – 9 所示。上电后单片机即可正常工作，执行预先固化的程序。

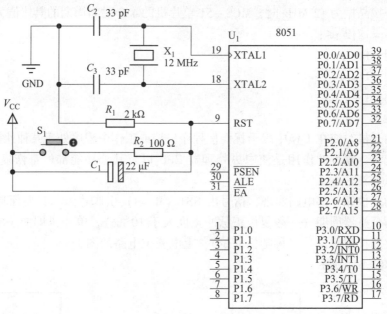

图1-9 MCS-51系列单片机最小应用系统

任务实施

Proteus软件是英国Labcenter公司开发的电路分析与实物仿真软件，可以实现单片机的可视化仿真，对于单片机学习和开发帮助极大。

1. 打开软件

双击桌面上的图标或者单击屏幕左下方的"开始"→"程序"→"Proteus 7 Professional"→"ISIS 7 Professional"命令，出现如图1-10所示画面，表明进入Proteus ISIS集成环境。

Proteus介绍及元件添加

图1-10 Proteus ISIS集成环境

2. 界面介绍

打开软件后的界面类似如图1-11所示。图中已经标注各个部分的名称，根据名称大概理解其作用。

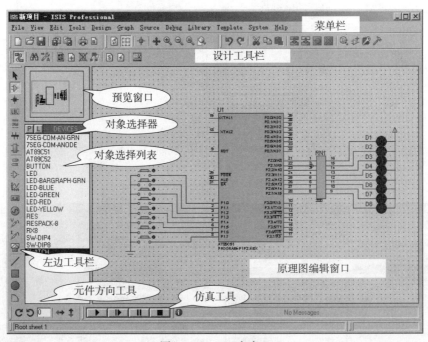

图1-11　ISIS主窗口

3. 建立新设计

单击菜单"File"→"New Design"命令，如图1-12所示，即可弹出如图1-13所示的对话框，以选择设计模板。一般选择A4图纸即可，然后单击"OK"按钮，关闭对话框，完成设计图纸的模板选择，出现一个空白的设计空间。此时设计名称为"UNTITLED"（未命名）。可以单击菜单"File"→"Save Design"命令来给新设计命名并指定存盘路径。

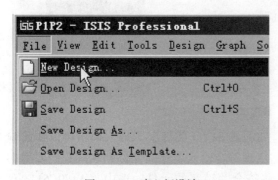

图1-12　建立新设计

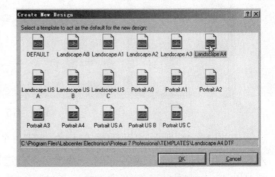

图1-13　选择设计模板

4. 调入元件

在新设计窗口中，单击对象选择器上方的按钮"P"（见图1-14）或者双击对象选择列表空白处，即可进入元件拾取对话框，如图1-15所示。

图1-14　调入元件

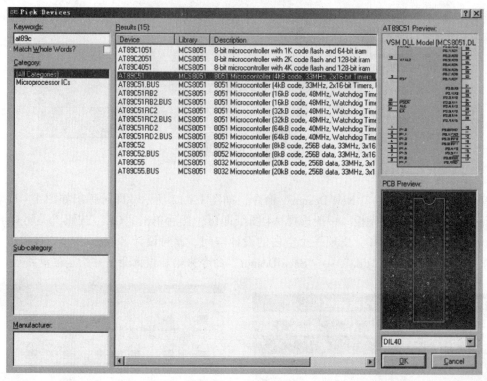

图1-15　查找元件

在图1-15所示的对话框左上角，有一个"Keywords"（关键字）输入框，可以在此输入要用的元件名称（或名称的一部分），右边即出现符合输入名称的元件列表。我们要用的单片机是AT89C51，输入"AT89C"就出现一些符合关键字的元件，选中"AT89C51"双击，就可以将它调入设计窗口的元件选择列表中。

在"Keywords"输入框中重新输入元件的关键字，陆续添加元件，直到够用为止，然后单击"OK"按钮，关闭对话框。以后如果需要其他元件，还可以再次调入。我们这次要用到的元件列表如表1-3所示。

表1-3 单片机最小应用系统元件清单

元件关键字	元件名称
AT89C51	单片机
CRYSTAL	晶振
BUTTON	按钮
LED – YELLOW	发光二极管 – 黄色
CERAMIC33P	33 pF 电容
MINELECT22U16V	22 μF 电解电容
MINRES2K、MINRES100R	电阻（2 kΩ、100 Ω）

5. 设计原理图

（1）放置元件。

在对象选择器中的元件列表中，单击所用元件，再在设计窗口单击，出现所用元件的轮廓，并随鼠标移动，找到合适位置单击，元件被放到当前位置。至此，一个元件放置好了，继续放置要用的其他元件。

Proteus 电气原理图的绘制

（2）移动元件。

如果要移动元件的位置，可以先右击元件，元件颜色变红，表示被选中，然后拖动到需要的位置放下即可。放下后仍然是红色，这时还可以继续拖动，直到位置合适，然后在空白处单击鼠标左键，取消选中。

（3）移动多个元件。

如果几个元件要一起移动，可以先把它们都选中，然后移动。选中多个元件的方法是：在空白处开始，单击左键并拖动，出现一个矩形框，让矩形框包含需要选中的元件再放开，就可以了（参见图1-16）。如果选择得不合适，可以在空白处单击，取消选中，然后重新选择。移动元件的目的主要是为了便于连线，当然也要考虑布局美观。

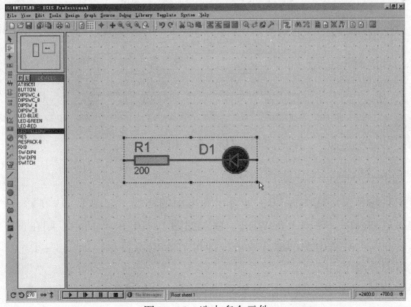

图1-16 选中多个元件

(4) 连线。

把元件的引脚按照需要用导线连接起来，方法是：在开始连线的元件引脚处单击左键（光标接近引脚端点附近会出现红色小方框，这时就可以了），移动光标到另一个元件引脚的端点，单击即可。移动过程中会有一根线跟随光标延长，直到单击才停住。连接过程如图1-17所示。

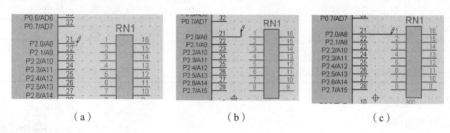

图1-17 连线过程
(a) 画线开始；(b) 画线中；(c) 画线完毕

注意：在第一根线画完后，在一个新的起点双击即可以自动复制前一根线，大大缩减重复的劳动，但如果第二根线形状与第一根不同，那就不要自动复制，否则会出错。

(5) 修改元件参数。

电阻、电容等元件的参数可以根据需要修改。比如以修改电阻阻值为例，先单击或右击该元件以选中，然后再单击，出现如图1-18所示对话框。在"Component Value"后面的输入框中输入阻值"200"（单位默认为欧姆），然后单击"OK"按钮确认并关闭对话框，阻值设置完毕。

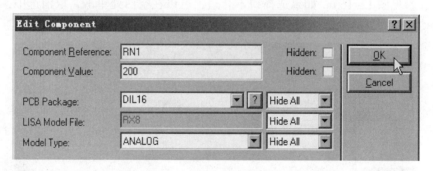

图1-18 修改电阻值

(6) 添加电源和地。

在左边工具栏单击终端图标，即可出现可用的终端，如图1-19（a）所示。在对象选择器中的对象列表中，单击"POWER"项，如图1-19（b）所示，则在预览窗口出现电源符号，然后在需要放置电源的地方单击，即可放置电源符号，如图1-19（c）所示。放置之后，就可以连线了。

放置接地符号（地线）的方法与放置电源类似，在对象选择列表中单击"GROUND"项，然后在需要接地符号的地方单击，就可以了。

注意：放置电源和地之后，如果又需要放置元件，应该先单击左边工具栏元件图标，就会在对象列表中出现我们从元件库中调出来的元件。

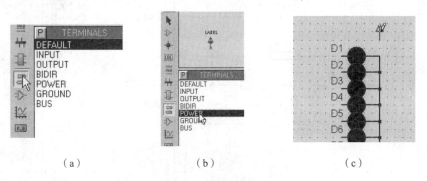

（a） （b） （c）

图 1－19 添加电源和地

（a）选择端口；（b）选择电源符号；（c）放置电源符号

6. 绘制 51 系列单片机最小应用系统图

继续放置其他元件并连线，最终完成的 AT89C51 单片机最小应用系统原理图如图 1－20 所示。

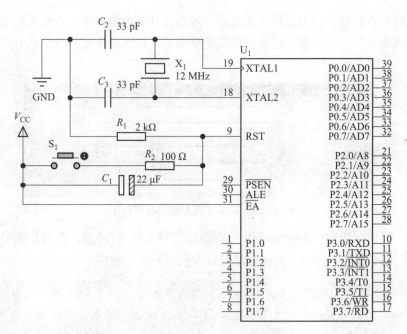

图 1－20 AT89C51 单片机最小应用系统

7. 增加一盏发光二极管 LED

本次任务为了仿真后有明显的实验效果，因此在最小应用系统的基础上加入了一盏发光二极管 LED，如图 1－21 所示。

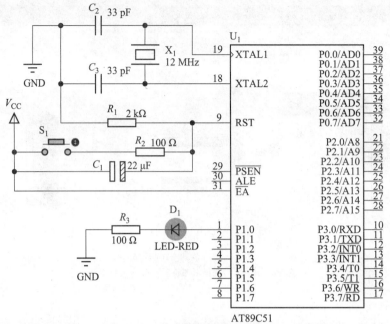

图 1-21 AT89C51 单片机增加一盏发光二极管

8. 添加程序

单片机应用系统的原理图设计完成之后，还要设计和添加程序，否则无法仿真运行。实际的单片机也是这样。方法如下：在原理图中单击单片机以选中，再次单击打开元件编辑对话框，如图 1-22 所示。

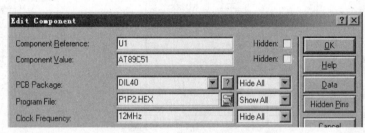

图 1-22 给单片机添加机器码程序

在图 1-22 中，单击"Program File"右边的打开文件图标，查找并选中机器码文件（*.bin 或 *.hex 文件）即可。这样，就可以在仿真时执行程序。

注：因为我们还没有接触单片机指令，因此在本次任务中仿真所用的机器代码文件（*.hex）由教师统一提供，学生只需完成仿真并观察仿真现象，关于单片机源程序的内容将在下一项目中讲解。

在图 1-22 中还有一个时钟频率（Clock Frequency）设置选项可以改变。一般情况下，单片机仿真的时钟频率由此设定，而不是来自时钟电路，因此今后在单片机仿真时可以省略时钟电路和复位电路，但真实单片机系统电路是绝对不能省略上述电路的。

9. 仿真执行

在原理图编辑窗口下面有一排按钮，利用它可以控制仿真的过程。单击按钮▶开始仿真，开始以后按钮的小三角变成绿色；单击按钮▶开始单步仿真；单击按钮▮▮可在暂停和继续仿真状态之间切换；单击按钮■可停止仿真。

单击开始仿真▶按钮，本次任务仿真效果如图1-23所示。

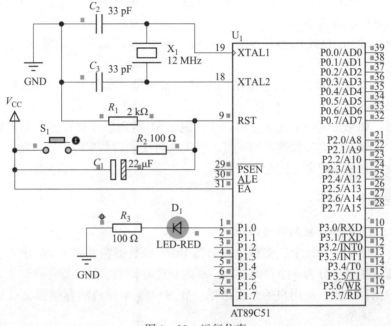

图1-23 运行仿真

观察发现，单片机P1、P2、P3口引脚的每一根线的旁边都有一个红色的小方框，表明当前引脚是高电平，如果小方框是蓝色，表明引脚当前是低电平。如果小方框是灰色，说明此引脚是悬空的。与电源V_{CC}相连的引脚都是高电平。与地线GND相连的引脚都是低电平。

任务总结

本次任务主要是让学生在熟悉使用Proteus ISIS软件绘制单片机最小应用系统电路图的同时，加深对51系列单片机引脚的认识及对引脚功能的了解。

通过本次任务及后续练习要求学生能熟练使用Proteus ISIS软件，并能够达到如下要求：原理图布局大方美观、布线整齐规范、元件参数准确。

单片机引脚较多且许多引脚具有第二功能，增加了对引脚功能理解的难度，这是本门课程的一处难点。因此只要求学生理解并牢记时钟电路和复位电路，理解并行I/O（P0、P1、P2、P3）接口的基本输入/输出功能。其他引脚功能在后续的课程中遇到后再深入学习。

任务三 认识51系列单片机的存储结构

【任务描述】

在听讲、观看微课、阅读教材后完成任务页，了解并牢记51系列单片机的存储结构。

【任务分析】

因为51系列单片机的存储结构内容较多，短时间让初学者理解、记忆这么多内容有一定难度，而单片机的存储器结构对学习单片机的指令极为重要，因此建议学习者在学习中抓住重点、深入理解、反复学习。

抓住重点：片内RAM内容最丰富，后续学习中涉及最多，是单片机存储器学习的重点；

深入理解：51系列单片机的存储结构内容虽多但是层次分明、逻辑清晰，只要理清思路，理解起来并不难；

反复学习：如果短时间内无法全部理解、记忆51系列单片机存储器的内容也无妨，在后续的课程中如果又用到存储器的知识可以回头来再次学习与理解，通过反复地学习与不断在实践中理解，相信学习者一定会有所收获。

【知识准备】

1. MCS-51系列单片机的存储结构

单片机在存储器的设计上，将程序存储器ROM和数据存储器RAM分开，MCS-51单片机的存储器从物理上分为4个存储空间：片内程序存储器、片外程序存储器、片内数据存储器、片外数据存储器。从用户的角度考虑，MCS-51单片机的存储器又可分为3个逻辑空间，如图1-24所示。

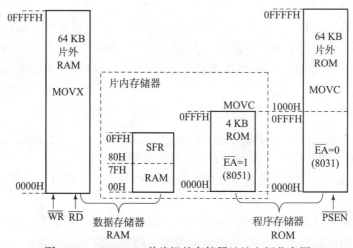

图1-24 MCS-51单片机的存储器地址空间分布图

(1) 片内、片外统一编址的64 KB（0000H~0FFFFH）程序存储器地址空间（使用16位地址线）。

(2) 256 B的片内数据存储器地址空间（00H~0FFH，其中80H~0FFH内仅有二十几个字节单元供特殊功能寄存器SFR专用）。

(3) 片外可扩展的64 KB（0000H~0FFFFH）数据存储器地址空间（使用16位地址线）。

尽管数据存储器地址空间与程序存储器地址空间重叠，但不会造成混乱，访问片内、片外程序存储器用MOVC指令，产生PSEN选通信号；访问片外数据存储器用MOVX指令，产生$\overline{RD}$（读）和$\overline{WR}$（写）选通信号。

数据存储器由片内数据存储器（内部 RAM）和外部数据存储器组成，地址空间也重叠，但不会造成混乱。因为内部数据存储器通过 MOV 指令读写，此时外部数据存储器读选通信号$\overline{RD}$、写选通信号$\overline{WR}$均无效，而外部数据存储器通过 MOVX 指令访问，并由$\overline{RD}$（读操作）或$\overline{WR}$（写操作）信号选通。

片内程序存储器和数据存储器的访问也是用不同的指令来实现的，单片机内部将自动产生控制信号来区分。

> **提示：** 单片机的存储器结构有两个重要的特点，一是把数据存储器和程序存储器分开，二是存储器有内外之分。

2. 程序存储器 ROM

（1）片内 ROM 的配置形式。

①无 ROM 型（8031、8032 等），应用时要在片外扩展程序存储器。

②掩膜 ROM 型（8051、8052 等），用户程序由芯片生产厂家写入。

③EPROM 型（8751、8752 等），用户程序通过写入装置写入，通过紫外线照射擦除。

④Flash ROM 型（89C51、89C52 等），用户程序可以电写入或擦除。

（2）程序存储器的编址。

计算机的工作是按照事先编制好的程序命令一条条循序执行的，程序存储器就是用来存放这些已编好的程序和表格常数。MCS-51 单片机有 64 KB 程序存储器空间，片内为 4 KB，地址为 0000H~0FFFH；片外最多可扩展至 64 KB，地址为 0000H~0FFFFH。当引脚$\overline{EA}$接高电平时，PC 在 0000H~0FFFH 范围内执行片内 ROM 中的程序；当指令地址超过 0FFFH 时，就自动转向片外 ROM 取指令。当$\overline{EA}$接低电平时，片内 ROM 不起作用，CPU 只能从片外 ROM/EPROM 中取指令。对于 8031 芯片，因其片内无 ROM，故应使$\overline{EA}$接低电平，这样才能直接从外部扩展的 ROM/EPROM 中取指令。

（3）程序运行的入口地址。

实际应用时，程序存储器的容量由用户根据需要扩展，而程序地址空间原则上也可由用户任意安排，但程序最初运行的入口地址是固定的，用户不能更改。程序存储器中有 7 个固定的入口地址，见表 1-4。

表 1-4 程序运行入口地址

存储单元	保留目的
0000H~0002H	复位后程序起始地址
0003H~000AH	外部中断 0 入口地址
000BH~0012H	定时器 T0 中断入口地址
0013H~001AH	外部中断 1 入口地址
001BH~0022H	定时器 T1 中断入口地址
0023H~002AH	串行口中断入口地址
002BH	定时器 T2 中断入口地址（52 子系列才有）

单片机复位后程序计数器PC的内容为0000H,故必须从0000H单元开始取指令来执行程序。0000H单元是系统的起始地址,一般在该单元存放一条无条件转移指令,将PC转向主程序或初始化程序的入口地址。用户设计的程序是从转移后的地址开始存放,程序结构如下:

```
    ORG    0000H      ;伪指令ORG指示随后的指令码从0000H单元开始存放
    LJMP   MAIN       ;在0000H单元放一条长跳转指令,共3个字节
    ORG    0003H
    LJMP   INT_0      ;跳到外部中断0服务程序的入口地址
    ……              ;其他中断入口地址初始化
    ORG    0050H      ;主程序代码从0050H单元开始存放
MAIN:                  ;MAIN是主程序入口地址标号,主程序开始
    ……
INT_0:                 ;外部中断0服务入口地址标号
    ……
    RETI              ;中断程序返回指令
```

通常在程序设计时,在0000H单元和中断地址区首地址存放一条长跳转指令,分别指向主程序和中断服务程序的入口地址。当中断响应后,系统能按中断种类自动转到各中断区的首地址去执行程序。因此,虽然在中断地址区中本应存放中断服务程序,但在通常情况下,8个单元难以存下一个完整的中断服务程序,因此一般也是从中断地址区首地址开始存放一条无条件转移指令,以便中断响应后,通过中断地址区,再转到中断服务程序的实际入口地址去。

3. 数据存储器RAM

数据存储器一般采用随机存取存储器(RAM)。这种存储器是一种在使用过程中利用程序随时可以写入信息,又可以随时读出信息的存储器。MCS-51单片机数据存储器有片内和片外之分。片内有256 B RAM,地址范围为00H~0FFH,如图1-25所示。片外数据存储器可扩展64 KB存储空间,地址范围为0000H~0FFFFH,但两者的地址空间是分开的,各自独立。

(1) 片内低128 B RAM。

低128 B划分为3个区域:工作寄存器区、位寻址区和用户RAM区。

①工作寄存器区。

内部RAM的00H~1FH区,共分4个组,每组有8个工作寄存器R0~R7,共32个内部RAM单元,见表1-5。

工作寄存器共有4组,但程序每次只能使用其中1组,没选用的工作寄存器组所对应的单元可以作为一般的数据缓冲区使用。选择哪一组寄存器工作由程序状态字寄存器PSW中的PSW.3(RS0)和PSW.4(RS1)两位决定,通过程序设置PSW中RS0和RS1两位的状态,就可选择某一个工作寄存器组工作(将在特殊功能寄存器中详细介绍),这个特点使MCS-51系列单片机具有快速现场保护功能,提高了程序的效率和响应中断的速度。

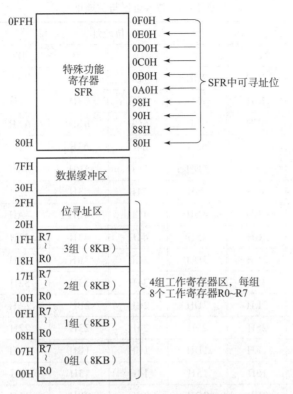

图 1-25 MCS-51 单片机的片内数据存储器

表 1-5 工作寄存器与内部 RAM 单元的关系

工作寄存器 0 组		工作寄存器 1 组		工作寄存器 2 组		工作寄存器 3 组	
地址	寄存器	地址	寄存器	地址	寄存器	地址	寄存器
00H	R0	08H	R0	10H	R0	18H	R0
01H	R1	09H	R1	11H	R1	19H	R1
02H	R2	0AH	R2	12H	R2	1AH	R2
03H	R3	0BH	R3	13H	R3	1BH	R3
04H	R4	0CH	R4	14H	R4	1CH	R4
05H	R5	0DH	R5	15H	R5	1DH	R5
06H	R6	0EH	R6	16H	R6	1EH	R6
07H	R7	0FH	R7	17H	R7	1FH	R7

②位寻址区。

20H~2FH 单元为位寻址区，这 16 个字节（共计 128 位）的每一位都有一个对应的位地址，位地址范围为 00H~7FH，见表 1-6。

位寻址区的每一位都可当作软件触发器，由程序直接进行位处理。通常可以把各种程序状态标志、位控制变量存于位寻址区内。同样，位寻址的 RAM 单元也可以按字节操作，作为一般的数据缓冲区使用。

表 1-6 位寻址区与位地址

字节地址	位地址							
	D7	D6	D5	D4	D3	D2	D1	D0
2FH	7FH	7EH	7DH	7CH	7BH	7AH	79H	78H
2EH	77H	76H	75H	74H	73H	72H	71H	70H
2DH	6FH	6EH	6DH	6CH	6BH	6AH	69H	68H
2CH	67H	66H	65H	64H	63H	62H	61H	60H
2BH	5FH	5EH	5DH	5CH	5BH	5AH	59H	58H
2AH	57H	56H	55H	54H	53H	52H	51H	50H
29H	4FH	4EH	4DH	4CH	4BH	4AH	49H	48H
28H	47H	46H	45H	44H	43H	42H	41H	40H
27H	3FH	3EH	3DH	3CH	3BH	3AH	39H	38H
26H	37H	36H	35H	34H	33H	32H	31H	30H
25H	2FH	2EH	2DH	2CH	2BH	2AH	29H	28H
24H	27H	26H	25H	24H	23H	22H	21H	20H
23H	1FH	1EH	1DH	1CH	1BH	1AH	19H	18H
22H	17H	16H	15H	14H	13H	12H	11H	10H
21H	0FH	0EH	0DH	0CH	0BH	0AH	09H	08H
20H	07H	06H	05H	04H	03H	02H	01H	00H

③用户 RAM 区。

30H~7FH 是数据缓冲区，也是用户 RAM 区，共 80 个单元。

④堆栈区。

在片内 RAM 中，常常要指定一个专门的区域来存放某些特别的数据，它遵循后进先出或先进后出的原则按顺序存取，这个 RAM 区叫堆栈。

堆栈的功用如下：

（a）子程序调用和中断服务时，CPU 自动将当前 PC 值入栈保存，返回时自动将 PC 值出栈。

（b）保护/恢复现场。

（c）数据传输。

堆栈区由特殊功能寄存器堆栈指针 SP 管理，堆栈区可以安排在 RAM 区任意位置，一般不安排在工作寄存器区和位寻址区，通常放在 RAM 区靠后的位置。

单片机复位后堆栈指针的初值为 07H，通常需在程序初始化中修改 SP 的初值，例如，MOV SP，#30H，则栈底被确定为 30H 单元，避开了工作寄存器区和位寻址区。

（2）特殊功能寄存器区（片内高 128 B RAM）。

①特殊功能寄存器 SFR。

MCS-51 单片机内高 128 B 的 RAM 中，集合了一些特殊用途的寄存器 SFR，专用于控制、选择、管理、存放单片机内部各部分的工作方式、条件、状态、结果。不同的 SFR 管理不同的硬件模块,负责不同的功能,它们包括程序状态字寄存器、累加器、I/O 口锁存器、定时/计数器、串口数据缓冲器、数据指针等,其地址分散在 80H ~ 0FFH 之间,见表 1 - 7。

表 1 - 7 特殊功能寄存器

名称	定义	地址	位功能和位地址							复位值
ACC*	累加器	E0H	E7	E6	E5	E4	E3	E2	E1	E0	00H
B*	B 寄存器	F0H	F7	F6	F5	F4	F3	F2	F1	F0	00H
DPH	指针高字节	83H									00H
DPL	指针低字节	82H									00H
IE*	中断使能	A8H	AF	AE	AD	AC	AB	AA	A9	A8	0xx00000B
			EA	—	—	ES	ET1	EX1	ET0	EX0	
IP*	中断优先级	B8H	BF	BE	BD	BC	BB	BA	B9	B8	xxx00000B
			—	—	—	PS	PT1	PX1	PT0	PX0	
P0*	P0 口	80H	87	86	85	84	83	82	81	80	0FFH
			AD7	AD6	AD5	AD4	AD3	AD2	AD1	AD0	
P1*	P1 口	90H	97	96	95	94	93	92	91	90	0FFH
			P1.7	P1.6	P1.5	P1.4	P1.3	P1.2	P1.1	P1.0	
P2*	P2 口	A0H	A7	A6	A5	A4	A3	A2	A1	A0	0FFH
			AD15	AD14	AD13	AD12	AD11	AD10	AD9	AD8	
P3*	P3 口	B0H	B7	B6	B5	B4	B3	B2	B1	B0	0FFH
			RD	WR	T1	T0	INT1	INT0	TXD	RXD	
PCON	电源控制寄存器	87H	SMOD	—	—	—	CF1	CF0	PD	IDL	0xxx0000B
PSW*	程序控制字	D0H	D7	D6	D5	D4	D3	D2	D1	D0	000000x0B
			CY	AC	F0	RS1	RS0	OV	—	P	
SBUF	串口数据缓冲区	99H									xxxxxxxxB
SCON*	串行口控制	98H	9F	9E	9D	9C	9B	9A	99	98	00H
			SM0	SM1	SM2	REN	TB8	RB8	TI	RI	
SP	堆栈指针	81H									07H
TCON*	定时器控制	88H	8F	8E	8D	8C	8B	8A	89	88	00H
			TF1	TR1	TF0	TR0	IE1	IT1	IE0	IT0	
TH0	定时器 0 高字节	8CH									00H
TH1	定时器 1 高字节	8DH									00H

续表

名称	定义	地址	位功能和位地址								复位值
TL0	定时器0低字节	8AH									00H
TL1	定时器1低字节	8BH									00H
TMOD	定时器模式	89H	GATE	C/$\overline{\text{T}}$	M1	M0	GATE	C/$\overline{\text{T}}$	M1	M0	00H

注：带"＊"号的SFR可按位寻址；"—"表示留位。

注意：凡是特殊功能寄存器字节地址能被8整除的单元均能按位寻址。

从表1-7中可以看出，特殊功能寄存器地址分散在80H~0FFH之间，对空单元不能进行读写操作。

（a）累加器ACC（accumulator）。

ACC（简称A）属于CPU模块内部的寄存器，是参与运算中最主要的寄存器，几乎所有的字节命令都有它的影子。在早期的单片机中，CPU没有乘法运算功能，乘法运算需进行多次的累加来计算，而ACC又总是存放累加中间结果的寄存器，因此被称为"累加器"。

（b）B寄存器。

B寄存器也属于CPU内部的寄存器，主要配合A寄存器完成乘除法运算。乘法运算时，A存放被乘数，B存放乘数，运算结果高8位存放在B中，低8位存放在A中。除法运算时，被除数存放在A中，除数存放在B中，运算后，商存放在A中，余数存放于B中。

（c）程序计数器PC。

程序计数器PC是一个16位专用计数器，用于存放CPU下一条要执行指令的地址，即程序存储器地址。由于PC的特殊性——没提供地址，故表1-7中没有列出PC。

（d）数据指针DPTR。

数据指针DPTR是一个16位的专用寄存器，由DPH（数据指针高8位）和DPL（数据指针低8位）组成，既可作为一个16位寄存器使用，也可作为两个独立的8位寄存器DPH和DPL使用，DPTR通常用于存放外部数据存储器的存储单元地址。

提示：DPTR是MCS-51单片机中唯一供用户使用的16位寄存器。

（e）堆栈指针SP。

堆栈指针SP是一个8位的特殊功能寄存器，用于指出堆栈栈顶的地址。数据被压入堆栈时，SP自动加1，数据从堆栈中弹出时，SP自动减1。

提示：系统复位时由硬件使SP=07H；用户可用软件对SP进行设置。

（f）程序状态字寄存器PSW。

程序状态字寄存器PSW（8位）是一个标志寄存器，它保存指令执行结果的特征信息，以供程序查询和判别，比如作为程序转移的条件，其中有些位是在指令执行中由硬件自动设置的，而有些位则由用户设定。其程序状态字格式及含义见表1-8。

表1-8 PSW格式及含义

位编号	PSW.7	PSW.6	PSW.5	PSW.4	PSW.3	PSW.2	PSW.1	PSW.0
位定义	CY	AC	F0	RS1	RS0	OV	—	P
位地址	0D7H	0D6H	0D5H	0D4H	0D3H	0D2H	0D1H	0D0H

CY（PSW.7）——进位标志位。在执行加、减法指令时，如果运算结果的最高位（D7位）有进位或借位，CY位被置1，否则清零。

AC（PSW.6）——辅助进位（或称半进位）标志。在执行加、减法指令时，其低半字节向高半字节有进位或借位时（D3位向D4位），AC位被置1，否则清零。AC位主要被用于BCD码加法调整。

F0（PSW.5）——由用户定义的标志位。是用户定义的一个状态标志位，根据需要可以用软件来使它置位或清零。

RS1（PSW.4）、RS0（PSW.3）——工作寄存器组选择位。

MCS-51单片机共有4组工作寄存器组，每组8个工作寄存器R0~R7。既可用于存放数据或地址，也可用于存放位操作指令或数据传送指令。用指令设定RS1、RS0的值，确定所选的工作寄存器组。RS1、RS0状态与工作寄存器R0~R7的物理地址关系如表1-9所示。

表1-9 工作寄存器组选择

RS1	RS0	工作寄存器组号	R0~R7的物理地址
0	0	0	00H~07H
0	1	1	08H~0FH
1	0	2	10H~17H
1	1	3	18H~1FH

提示：单片机上电复位后，RS1、RS0的状态为00。

OV（PSW.2）——溢出标志位。在计算机内，带符号数一律用补码表示。在8位二进制数中，补码所能表示的范围是-128~+127，而当运算结果超出这一范围时即溢出，OV标志为1，反之为0。

提示：当运算有溢出时，运算结果是不正确的。

PSW.1——未定义位。

P（PSW.0）——奇偶标志位。用于指示运算结果中1的个数的奇偶性，若累加器A中1的个数为奇数，则P=1；若1的个数为偶数，则P=0。该标志位用在串行通信中，常用奇偶校验的方法检验数据传输的可靠性。

CY、AC、OV、P的置1或清零是由硬件自动完成的；F0、RS1、RS0是由用户设定的。

②SFR复位状态。

MCS-51单片机复位后，程序计数器PC和特殊功能寄存器复位的状态如表1-10所示。复位不影响片内 RAM 存放的内容。

表 1-10　复位后内部寄存器的状态

寄存器	内容	寄存器	内容
PC	0000H	TMOD	00H
ACC	00H	TCON	00H
B	00H	TL0	00H
PSW	00H	TH0	00H
SP	07H	TL1	00H
DPTR	0000H	TH1	00H
P0～P3	0FFH	SCON	00H
IP	0000H	SBUF	00H
IE	0000H	PCON	0000H

由表 1-10 可看出：
（a）（PC）=0000H，表示复位后程序的入口地址为 0000H；
（b）（PSW）=00H，其中 RS1（PSW.4）=0，RS0（PSW.3）=0，表示复位后单片机选择工作寄存器 0 组；
（c）（SP）=07H，表示复位后堆栈在片内 RAM 的 08H 单元处建立；
（d）P0～P3 口锁存器为全 1 状态，说明复位后这些并行接口可以直接作输入口，无须向端口写 1；
（e）定时/计数器、串行口、中断系统等特殊功能寄存器复位后的状态对各功能部件工作状态的影响，将在后续有关章节介绍。

（3）外部数据存储器。

外部数据存储器一般由静态 RAM 芯片组成。扩展存储器容量的大小，由用户根据需要而定，但 MCS-51 单片机访问外部数据存储器可用数据指针寄存器 DPTR 进行寻址。由于 DPTR 为 16 位，可寻址的范围达 64 KB，所以扩展外部数据存储器的最大容量是 64 KB。

注意： 外部扩展的数据存储器、I/O 口及外围设备是统一编址的。

任务实施

请完成如下任务页。

学习任务页 2			
班级	姓名	学号	组别

问题 1：MCS-51 单片机内部 RAM 的工作寄存器区共＿＿个单元，分为＿＿组，每组＿＿个单元，以＿＿作为寄存器名称。

问题 2：单片机程序存储器的寻址范围是由程序计数器 PC 的位数决定的，MCS-51 的 PC 是＿＿位的，因此其寻址范围是＿＿KB。

续表

学习任务页2							
班级		姓名		学号		组别	

问题3：MCS-51单片机在物理上有_____个独立存储空间，在逻辑上有_____个存储空间。

问题4：程序状态字PSW每位的作用是什么？

问题5：堆栈的作用与特点是什么？

问题6：为什么MCS-51单片机的程序存储器和片外数据存储器地址范围相同，都是0000H~0FFFFH，为什么不会发生总线冲突？

问题7：绘制出MCS-51单片机的存储器结构图。

教师批阅

📎 任务总结

通过本任务了解MCS-51单片机存储器的组织结构和程序存储器（ROM）、数据存储器（RAM）、内部特殊功能寄存器（SFR）的配置情况；熟悉程序状态字寄存器（PSW）各位的含义及变化规律；掌握MCS-51单片机的4个物理空间（片内RAM、片内ROM、片外RAM、片外ROM）、3个独立的逻辑空间（片内RAM空间：00H~0FFH；片内外统一编址的ROM空间：0000H~0FFFFH；片外RAM空间：0000H~0FFFFH）的概念。

重点要掌握内部数据存储器的结构、用途、地址分配和使用特点：

一是内部数据存储器的低128 B，它包括了寄存器区、位寻址区、用户RAM区，要掌握这些单元的地址分配、作用等。

二是内部数据存储器高 128 B，这是为专用寄存器提供的，地址范围为 80H～0FFH。所谓专用寄存器是区别于通用寄存器而言的，即这些寄存器的功能或用途已做了专门的规定，用于存放单片机相应部件的控制命令、状态或数据等。

在专用寄存器中，重点要掌握以下寄存器的使用：程序计数器、累加器 A、寄存器 B、程序状态字寄存器（PSW）、数据指针寄存器（DPTR）。

项目评价

课程名称：单片机应用技术		授课地点：		
学习任务：认识单片机		授课教师：		授课学时：
课程性质：理实一体课程		综合评分：		
知识掌握情况评分（60 分）				
序号	知识考核点	教师评价	配分	实际得分
1	清楚表述什么是单片机		5	
2	列举单片机的应用领域		5	
3	举例说明某单片机系统的工作原理		10	
4	掌握 51 系列单片机存储器的配置		15	
5	掌握片内数据存储器		15	
6	了解 PSW 中各位的含义		10	
工作任务完成情况评分（40 分）				
序号	技能考核点	教师评价	配分	实际得分
1	能正确从元件库中选择元件		10	
2	熟练掌握 Proteus 软件的使用方法		10	
3	绘制 51 系列单片机的最小应用系统		10	
4	软件仿真、电路连接和系统调试能力		10	
违纪扣分（20 分）				
序号	扣分项目	教师评价	配分	实际得分
1	学习中玩手机、打游戏		5	
2	课上吃东西		5	
3	课上打电话		5	
4	其他扰乱课堂秩序的行为		5	

练习与思考

一、填空题

1. 若不使用 MCS-51 单片机片内程序存储器，引脚 EA 必须接_____。

2. MCS-51 单片机内部 RAM 的通用寄存器区共有_____个单元，分为_____组寄存器，每组_____个单元，以_____作为寄存器名称。

3. MCS-51 单片机的堆栈是软件填写堆栈指针临时在_____数据存储器内开辟的区域。

4. MCS-51 单片机中凡字节地址能被_____整除的特殊功能寄存器均能按位寻址。

5. MCS-51 系统中,当 PSEN 信号有效时,表示 CPU 要从_____存储器读取信息。

6. MCS-51 单片机片内 20H~2FH 范围内的数据存储器,既可以按字节寻址,又可以_____寻址。

7. MCS-51 单片机在物理上有_____个独立的存储器空间。

8. 使 8051 单片机复位有_____和_____两种方法。

9. PC 复位后为_____,执行当前指令后,PC 内容为_____。

10. 如果 8031 单片机的时钟频率为 12 MHz,则一个机器周期是_____μs。

二、选择题

1. 单片机程序存储器的寻址范围是由程序计数器 PC 的位数决定的,MCS-51 单片机的 PC 为 16 位,因此其寻址范围是(   )。
   A. 4 KB   B. 64 KB   C. 8 KB   D. 128 KB

2. 内部 RAM 中的位寻址区定义的位是给(   )。
   A. 位操作准备的   B. 移位操作准备的
   C. 控制转移操作准备的   D. 以上都是

3. 当 ALE 信号有效时,表示(   )。
   A. 从 ROM 中读取数据   B. 从 P0 口可靠地送出地址低 8 位
   C. 从 P0 口送出数据   D. 从 RAM 中读取数据

4. MCS-51 单片机上电复位后,SP 的内容应是(   )。
   A. 00H   B. 07H   C. 60H   D. 70H

5. PC 中存放的是(   )。
   A. 下一条要执行指令的地址   B. 当前正在执行的指令
   C. 当前正在执行指令的地址   D. 下一条要执行的指令

6. 以下有关 MCS-51 单片机 PC 和 DPTR 的说法中错误的是(   )。
   A. DPTR 是可以访问的,而 PC 不能访问
   B. 它们都是 16 位的寄存器
   C. 它们都具有自动加 1 功能
   D. DPTR 可以分为 2 个 8 位的寄存器使用,但 PC 不能

7. 关于 MCS-51 单片机的堆栈操作,正确的说法是(   )。
   A. 先入栈、再修改栈指针   B. 先修改栈指针,再出栈
   C. 先修改栈指针,再入栈   D. 以上都不对

8. 要访问 MCS-51 单片机的特殊功能寄存器应使用的寻址方式是(   )。
   A. 寄存器间接寻址   B. 变址寻址
   C. 直接寻址   D. 相对寻址

三、判断题(下列命题正确的在括号内打√,错误的打×,并说明理由)。

1. MCS-51 单片机的程序存储器只是用来存放程序的。   (   )

2. MCS-51 单片机的 4 个 I/O 端口都是多功能的 I/O 端口。   (   )

3. 当MCS-51单片机上电复位时，堆栈指针SP=00H。 （   ）
4. MCS-51单片机外扩I/O与外RAM是统一编址的。 （   ）
5. MCS-51单片机PC存放的是当前正在执行的指令。 （   ）
6. MCS-51单片机的片内RAM与外部设备统一编址时，需要专门的输入/输出指令。

（   ）

7. MCS-51单片机的特殊功能寄存器分布在60H~80H地址范围内。 （   ）
8. MCS-51单片机内部的位寻址区，只能进行位寻址，而不能进行字节寻址。 （   ）

四、简答题

1. 什么是堆栈？
2. 什么是单片机的机器周期、状态周期、振荡周期和指令周期？它们之间是什么关系？
3. 程序状态字寄存器PSW的作用是什么？常用状态有哪些位？作用是什么？
4. MCS-51单片机有几种复位方法？应注意什么事项？
5. MCS-51单片机内部包含哪些主要逻辑功能部件？
6. MCS-51单片机的存储器从物理结构上和逻辑上分别可划分几个空间？
7. 存储器中有几个具有特殊功能的单元？分别作什么用？
8. MCS-51单片机片内256 B的数据存储器可分几个区？分别作什么用？
9. 为什么MCS-51单片机的程序存储器和数据存储器共处同一地址空间而不会发生总线冲突？
10. MCS-51单片机的4个并行I/O口在使用时有哪些特点和分工？

项目二

流水灯设计——单片机汇编指令应用

📂 项目场景

随着我国人民生活水平和质量的提高,"夜经济"升温,完善城市功能、优化宜居宜业环境的景观亮化工程也逐步得到各级政府的重视。城市夜晚里的霓虹灯以各种不同的方式变换闪烁着,烘托着温馨的气氛、装点着城市的美丽。我们将设计一款基于单片机控制的灯光闪烁电路,实现灯光的流水闪烁。

📂 需求分析

学生必须掌握单片机汇编指令后才能编写出控制外部设备的源程序,因此本项目的重点为汇编指令系统的学习。学习汇编指令最好的方法就是在 Keil 软件上多练习指令的编辑、源程序的编写,并在 Proteus 仿真软件上仿真运行,观看实验结果。这种学习方法不依赖实验箱等硬件设备,且验证程序与电路设计的正确性快速高效,非常适合初学者。

📂 方案设计

学生首先掌握 Keil μVision 软件的使用,学会如何编辑、编译单片机源程序;然后通过流水灯控制源程序的编写,学习单片机的汇编指令。

📂 相关知识和技能

1. 知识目标

(1) 了解单片机应用系统的开发流程;

(2) 了解单片机程序设计语言;

(3) 掌握汇编语言的寻址方式;

（4）掌握 51 单片机的汇编指令系统；

（5）掌握 51 单片机汇编伪指令。

2. 技能目标

（1）熟练使用 Keil 软件对汇编程序进行编辑与编译；

（2）熟练使用 Proteus 软件正确设计单片机电路并仿真、调试；

（3）熟练编写延时程序；

（4）熟练使用汇编指令编写源程序；

（5）提高解决综合问题的能力。

任务一　单片机开发环境的构建

【任务描述】

利用 Keil μVision 软件构建单片机程序开发环境。

【任务分析】

单片机应用系统是由硬件与软件两部分组成的。本任务的主要目的是使学生清晰了解单片机应用系统的开发过程、掌握 Keil μVision 软件的使用方法，并正确编写一段单片机汇编程序。单片机只能运行由 0 和 1 组成的机器码（即二进制或十六进制文件），因此单片机程序开发软件的作用除了可以编辑程序，最重要的任务就是将 *.asm 文件（汇编语言文件）翻译成 *.bin（二进制文件）或 *.hex 文件（十六进制文件）。

【知识准备】

1. 单片机应用系统的开发流程

由于单片机内部没有任何驻机软件，因此，要实现一个产品应用系统，需要进行软、硬件开发。单片机应用系统的开发流程如图 2-1 所示，除了产品立项后的方案论证、总体设计外，主要有硬件系统设计与调试、应用程序设计、仿真调试和系统脱机运行检查四部分。

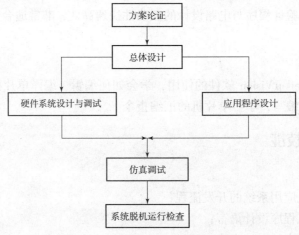

图 2-1　单片机应用系统开发流程

2. 单片机应用开发工具

一个单片机应用系统从提出任务到正式投入运行的过程，称为单片机的开发。开发过程所用的设备称为开发工具。

(1) 硬件设计。

根据工程要求，绘制电路原理图，根据电路原理图设计制作印制电路板（PCB），这个PCB板在设计开发中称为目标板，需要到工厂专门定制。简单的电路在实验阶段可以使用面包板或通用电路板替代。绘制电路原理图和设计制作印制电路板都需要借助CAD软件完成，如Protel、OrCAD等，有关这类软件的使用可以参看相关资料。

(2) 程序设计。

确定了硬件设计，然后要针对目标板进行软件程序设计。无论使用汇编语言或高级语言，编写好源程序后，都要进行编译，编译中发现语法错误时要进行修改；只要没有语法格式错误就可以生成十六进制文件"*.hex"（*为通配符，代表任意文件名）。之后文件的执行、调试必须借助仿真器。比较流行的编译软件有Keil和WAVE，本教材使用Keil软件。

(3) 仿真器。

编写好源程序后，进行程序调试时需对其进行仿真。仿真器通过仿真头完全替代目标板的单片机芯片，在调试过程中可以实时反映CPU的真实运行情况，51系列单片机仿真器种类较多，运行环境及主要功能甚至使用方法上都相差不大。

(4) 编程器和ISP在线系统编程。

编程器又称为程序固化器，是将调试生成的.bin或.hex文件固化到存储器中的机器里。对于不同型号的单片机或存储器，厂家都要为其提供配套的编程器对其进行程序固化。通用编程器可以支持多种型号的芯片程序的读、写操作。

ISP（In-System Programmability，在线系统编程）编程是通过内部的具有芯片编程功能的硬件控制器通过SPI（Serial Peripheral Interface，串行外设接口）或其他串行接口与上位机软件通信，通过上位机控制与该控制器进行单片机的在线编程。利用ISP技术对单片机进行程序固化时，不必将单片机从目标板上移出，直接利用ISP专用线便可对单片机进行程序固化操作。用户使用ISP固化软件可对芯片进行下载、读出、擦除、检查等操作。

(5) 单片机系统的设计与仿真平台。

Proteus软件是由英国Lab Eletronics公司开发的EDA工具软件。是目前世界上最先进、最完整的多种型号微处理器系统的设计与仿真平台，它真正实现了在计算机中完成电路原理图设计、电路分析与仿真、微处理器设计与仿真、系统调试与功能验证直到形成印制电路板的完整电子设计、研发过程。

注：Proteus软件不依赖硬件，仿真功能强大，使用者可以快速地验证硬件与软件设计的正确性，因此非常适合单片机初学者学习使用。本书在项目一中已经介绍了Proteus软件的使用方法，后续任务也将利用Proteus软件进行仿真与讲授。

3. 程序设计语言简介

计算机的应用离不开应用程序的设计，常用的程序设计语言基本分为三类：机器语言、汇编语言和高级语言。高级语言是面向程序设计人员的，前两种语言是面向机器的。

(1) 机器语言。

当指令和地址采用二进制代码表示时，机器能够直接识别，因此称为机器语言。机器指令代码是 0 和 1 构成的二进制数信息，与机器的硬件操作一一对应。使用机器语言可以充分发挥计算机硬件的功能。但是，机器语言难写、难读、难交流，而且机器语言随计算机的型号不同而不同，因此移植困难。然而，无论人们使用什么语言编写程序，最终都必须翻译成机器语言计算机才能执行。

(2) 汇编语言。

汇编语言是采用易于人们记忆的助记符表示的程序设计语言，以方便人们书写、阅读和检查。一般情况下，汇编语言与机器语言一一对应。用汇编语言编写的程序称为汇编语言源程序（源程序）。把汇编语言源程序翻译成机器语言程序的过程称为汇编，完成汇编过程的程序称为汇编程序，汇编产生的结果是机器语言程序（目标程序）。

汇编语言程序从目标代码的长度和程序运行时间上看与机器语言程序是等效的。不同系列的机器有不同的汇编语言，因此汇编语言程序在不同的机器之间不能通用。

(3) 高级语言。

高级语言是对计算机操作步骤进行描述的一整套标记符号、表达格式、结构及其使用的语法规则。它是一种面向过程的语言，使用一些接近人们书写习惯的英语和数学表达式去编写程序，使用方便，通用性强，不依赖于具体计算机。目前，世界上的高级语言有数百种。

用高级语言编写的源程序，同样需要翻译成用各种机器语言表示的目标程序，计算机才能解释执行，完成翻译过程的程序称为编译程序或解释程序。高级语言程序所对应的目标代码往往比机器语言要长得多，运行时间也更多。

任务实施

Keil μVision 是单片机应用开发软件中最优秀的软件之一，它支持众多不同公司的 51 单片机，它集编辑、编译、仿真于一体，界面友好、易学易用，在调试程序、软件仿真方面有强大的功能。因此获得工程师和单片机爱好者的广泛使用和喜爱。本任务将带领大家学习 Keil μVision 软件的使用，了解单片机源程序的编辑与编译过程。

Keil 软件的使用方法

(1) 首先建立工程文件夹。在 F 盘（存盘路径视各自计算机情况而定）建立一个属于自己的新文件夹用于存放工程文件，避免和与他人文件混合，如图 2 - 2 所示创建了一个名为 "Mytest" 的文件夹。

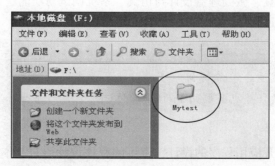

图 2 - 2　建立工程文件夹

（2）单击桌面上或程序菜单中的 图标，出现启动画面，如图2-3所示。

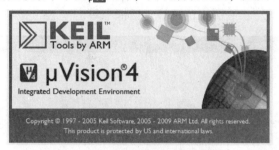

图2-3　Keil μVision4 启动画面

（3）单击"工程"→"新建 μVision 工程"命令新建一个工程，如图2-4所示。

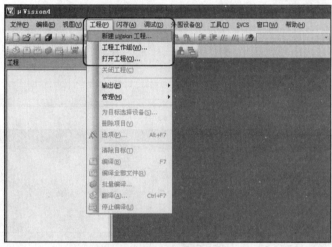

图2-4　新建 Keil μVision4 工程

（4）选择存放在刚才建立的"Mytest"文件夹下，给工程取名后保存，不需要填后缀，默认的工程后缀为"uvproj"，如图2-5所示。

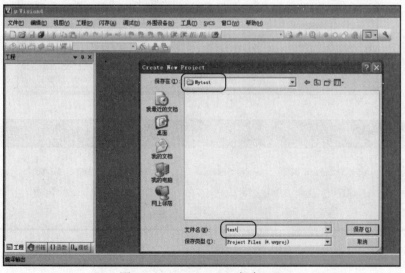

图2-5　Keil μVision4 保存工程

(5) 在弹出的对话框中选择单片机,在 CPU 类型下找到并选中"Atmel"下的"AT89C51"或"AT89S52",在弹出的选择对话框中单击"否"按钮,如图 2-6 所示。

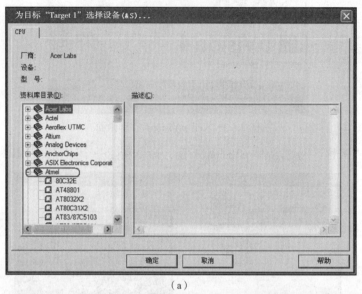

(a)

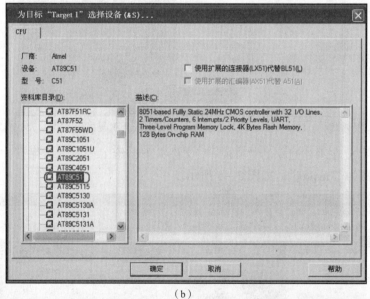

(b)

(c)

图 2-6 选择设备

(a) 选择"Atmel"; (b) 选择"AT89C51"; (c) 提示项选择"否"

（6）新建文件。单击"文件"→"新建"命令创建一个源程序文件，单击"保存"或"另存为"命令将文件保存在自己的工程文件夹下，文件名必须以".asm"为后缀（C语言程序则以".C"作为后缀），如图2-7所示。

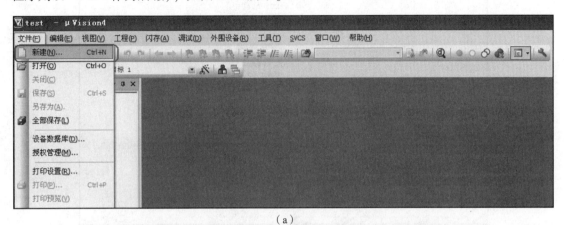

(a)

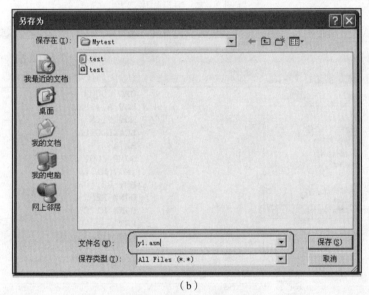

(b)

图2-7 新建文件并保存
(a) 新建文件；(b) 保存文件

（7）在编辑区进行汇编程序编辑并保存。此处可以选取本项目任务二中的源程序进行编辑录入，如图2-8所示。

（8）将创建的源程序文件加入工程项目文件中。鼠标右键选中"源组1"，在弹出的菜单中选择"添加文件到组'源组1'"项，选中刚才的 *.asm 文件，如图2-9所示。

注：使用汇编语言进行编程，工程中只能添加一个源文件。

（9）生成HEX文件属性设置。在"目标选项"中的输出栏选中"产生HEX文件"项，使编译器输出单片机需要的HEX文件（十六进制文件），如图2-10所示。

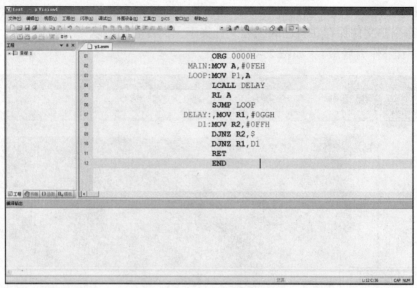

图 2-8 编辑程序

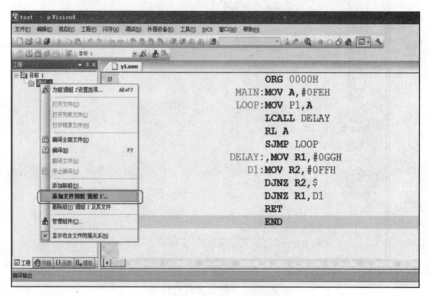

(a)

(b)

图 2-9 将源程序添加到工程项目中

(a) 添加源程序；(b) 添加后效果

(a)

图 2-10 生成 HEX 文件属性设置
(a) 单击 "目标选项" 按钮；(b) 选中 "产生 HEX 文件" 项

(10) 全部完成工程项目创建和设置。单击 "保存并编译" 按钮，如果程序中存在语法错误，将会在下边栏中提示，如果全部正确则显示 "0 Error（s），0 Warning（s）"；最后再单击 "重新翻译" 按钮，产生 HEX 文件。如图 2-11 所示。

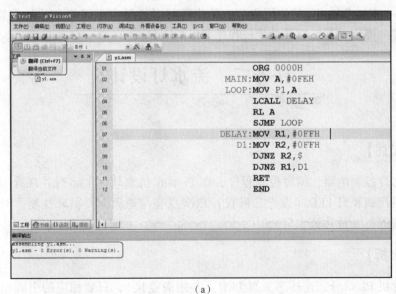

(a)

图 2-11 进行程序查错并最终产生 HEX 文件
(a) 程序查错

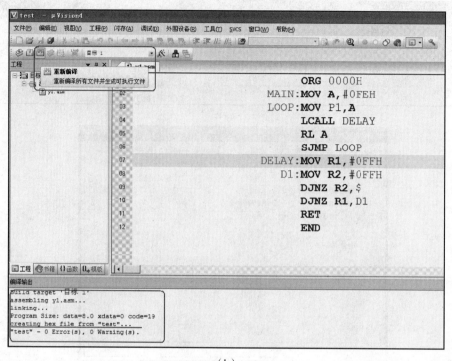

(b)

图2-11 进行程序查错并最终产生HEX文件（续）

(b) 产生HEX文件

🔄 任务总结

通过本任务认识了MCS-51单片机程序开发环境，学习了源程序编辑、编译的软件——Keil μVision的使用方法，希望学习者们结合汇编指令的学习多练习软件的使用，熟练掌握单片机程序开发的工具。

Keil软件翻译程序的方法

任务二 流水灯设计

【任务描述】

设计流水灯控制电路、编写控制程序，在Proteus仿真软件上运行并观看运行效果。要求实现单片机控制8只LED（发光二极管）依次点亮与熄灭，并循环往复，肉眼观看LED好似流水一般闪亮（故称流水灯）。

【任务分析】

假设单片机P2口分别连接了8只LED（共阴极连接），只要相应的引脚出现高电平就可控制LED点亮，出现低电平即可控制LED熄灭。流水灯就是按顺序依次点亮与熄灭各个

LED。我们可以用指令控制每个LED点亮及熄灭，比如：用"SETB P2.0"（置1指令）点亮P2.0引脚连接的LED，用"CLR P2.0"（清零指令）熄灭该LED。也可以使用"MOV P2，#00000001B"点亮P2.0引脚连接的LED，而熄灭P2口其他引脚连接的LED，用"MOV P2，#00000010B"则可点亮P2.1引脚连接的LED。当8只LED都完成一轮点亮之后，可以利用跳转指令将程序引导至程序的起始位置，重新开始下一轮运行。需要注意的是，2只LED点亮的间隔需要加入延时，原因是程序执行速度远远大于我们肉眼刷新的速度（人的肉眼存在视觉残留现象，动画和电影正是利用了这一原理），如果不加入延时，我们看到的将是8只LED全部点亮的现象而看不到流水闪烁。

【知识准备】

1. MCS-51系列单片机的指令系统

指令是指示单片机执行某种操作的命令，MCS-51系列单片机指令有两种标识方式：机器语言方式和汇编语言方式。机器语言方式由二进制代码组成（通常用十六进制表示），被称为机器指令。用机器指令编写的程序称为机器语言源程序，它是机器所能理解和执行的，但人们记忆和读写都很困难。汇编语言方式由方便人们记忆的"助记符"和数字符号组成，被称为符号指令。用符号指令编写的程序称为汇编语言源程序，它必须通过汇编程序汇编成机器语言程序后，机器才能理解和执行。汇编过程也可以手工完成，即手工汇编。

MCS-51系列单片机的指令包括数据传送指令、算术运算指令、逻辑运算指令、位运算指令和控制转移指令五大类共111条指令，这111条指令的集合即为8051的指令系统。根据指令的长短，指令可分为单字节指令、双字节指令与三字节指令，根据执行的时间来分可分为单周期指令、双周期指令和四周期指令。

2. 汇编语言指令格式

汇编语言指令的一般格式如下：

[标号:]操作码[第一操作数][,第二操作数][,第三操作数][;注释]

说明：

(1) 带方括号的部分为可选项。

(2) 标号是用符号表示的一个地址常量。它表示该指令在程序存储器中的起始地址。标号的命名规则是：必须以字母开头，长度不超过6个字符，并以":"结束。通常在子程序入口或转移指令的目标地址处才赋予标号。

(3) 操作码表示指令的操作功能。每条指令都有操作码。

(4) 操作数表示的是参与操作的数据来源和操作之后结果数据的存放位置，可以是常数、地址或寄存器符号。指令的操作数可能有1个、2个或3个，有些指令可能没有操作数。操作数与操作数之间用","分隔，操作码与操作数之间用空格分隔。

(5) 注释字段是编程人员对该指令或该段程序的功能说明，是为了方便阅读程序的一种标注。注释以";"开始，当汇编语言源程序被汇编成机器语言程序时，该项被舍弃。

3. 寻址方式

一条指令通常由两部分组成：操作码和操作数。操作码指明CPU要完成何种类型和性质的操作，如数据转移、加法、取反等，而操作数指定了参与运算的数或数所在的地址。寻找操作数或操作数地址的方式称为寻址方式，寻址方式越丰富、计算机功能越强，则灵活性越大。MCS-51系列单片机支持以下6种不同的寻址方式。

(1) 直接寻址方式。

直接寻址方式是指在指令中直接给出操作数的单元地址，在执行过程中直接使用该地址读取RAM中的操作数据。用这种寻址方式可以访问内部数据存储器三种地址空间。

①内部数据存储器的128个字节单元。例如指令：

MOV A,50H；指令中源操作数的寻址方式为直接寻址

②位地址空间。例如指令：

MOV C,00H；指令中源操作数的寻址方式为直接寻址

③特殊功能寄存器地址空间。例如指令：

MOV ACC,P1；指令中源操作数和目的操作数的寻址方式都为直接寻址

注意： 直接寻址是唯一可访问特殊功能寄存器的寻址方式。

(2) 寄存器寻址方式。

寄存器寻址是指，在指令中直接以寄存器名表示操作数的地址。即以寄存器的内容作为操作数。可以采用寄存器寻址的寄存器有R0~R7、累加器A、DPTR以及位累加器CY。例如指令"MOV A,R2"中源操作数和目的操作数都属于寄存器寻址。

(3) 立即寻址方式。

立即寻址的指令中存放的不是地址而是操作数，一般把这个操作数称为立即数。如双字节指令"MOV A,#0BH"表示将0BH这个立即数赋予A。应注意到，这里的寻址"寻"的不是RAM，而是ROM。8051指令系统中还有一条16位立即寻址指令："MOV DPTR,#data16"，其功能是将16位立即数赋予数据指针DPTR。

(4) 间接寻址方式。

间接寻址是将寄存器（R0、R1和DPTR）的内容当成单元地址，再通过该单元地址找到操作数的寻址方式，这里的寄存器称为间接寻址寄存器，只能是R0、R1和DPTR。例如指令"MOV A,@R0"，其功能就是将R0的内容所指向的存储单元的数据赋予A。例如R0=34H，(34H)=5BH，那么指令"MOV A,34H"与上面的指令执行后的结果一样，A都为5BH。访问整个外部数据存储器（0000H~0FFFFH）使用数据指针寄存器DPTR进行间接寻址。

(5) 变址寻址方式。

变址寻址与间接寻址类似，变址寻址是以DPTR或PC为基址寄存器，以A为偏址寄存器，将两者相加后的16位数结果作为操作数所在单元地址。变址寻址只能对程序存储器使用，寻址范围为64 KB。例如："MOVC A,@A+DPTR"该指令的功能是将A与DPTR的内容相加，把结果作为程序存储器的单元地址，再将该单元的内容赋予A。如A=03H、DPTR=1A37H，那么将A与DPTR相加后的值为1A3AH，假如ROM的1A3AH存储单元为7FH，则执行完上面的指令后A的结果为7FH。

(6) 位寻址方式。

MCS-51系列单片机具有完善的位处理功能，因此具有相应的位寻址方式，用于内部可寻址位的寻址操作。在RAM中位于20H~2FH区间内的16个存储单元以及部分特殊功能

寄存器可进行位寻址操作，寻址区间为 00H～0D7H。在位寻址指令中，如"MOV C,23H"表示将位地址为 23H 的位的内容赋予 CY。

4. 汇编语言伪指令

汇编语言伪指令即用于告诉编译程序汇编信息的指令。它不会被汇编成单片机可执行的机械代码，汇编结束后它们就消失了。汇编程序的伪指令比较多，本书仅对常用的部分进行介绍。

（1）程序定位伪指令 ORG addr16。

说明：将 ORG 伪指令后的指令内容存放于程序存储器 addr16 开始的单元中。

例如：ORG 023BH

　　　　MOV P1，#45H

　　　　……

表示将"MOV P1，#45H"指令开始的一段代码于程序存储器 023BH 单元开始存放，MOV 指令的起始地址刚好为 023BH。

（2）程序结束伪指令 END。

说明：汇编程序结束指令，无参数。表示汇编源程序的结束，编译程序以 END 作为程序源码终止标志。通常将其放置于源码最后，当编译程序执行到 END 指令时，随即结束汇编过程，开始编译其他源文件或链接目标文件。

（3）常量定义伪指令 EQU。

格式：符号名 EQU 常量

说明：在程序中用 EQU 后面的字符串去替换 EQU 前面的符号。EQU 后面的字符串可以是符号、数据地址、代码地址或位地址。EQU 伪指令所定义的符号必须先定义后使用。所以该语句一般放在程序开始。

例如：BUFFER EQU 58H　　　；BUFFER 的值为 58H

　　　 MOV A,BUFFER　　　 ；表示内部 RAM 58H 单元中数据送给累加器 A

（4）字节存储伪指令 DB。

格式：DB 表达式

说明：用于在 ROM 中定义一个连续的存储区间，区间长度根据 DB 指令的参数决定。表达式可以为数值（二进制、十进制或十六进制）、字符或字符串。多个表达式用英文逗号隔开。表达式为数值时则每个表达式占用一个存储单元，超出第 8 位部分将被舍弃；如为字符时则为该字符的 ASCII 码，同样占用一个存储单元；如为字符串时则根据字符串的字符数依次分配存储单元，每个字符一个字节。在 DB 指令前加标签可表示第一个存储单元的地址。

例如：DB 234，345，'1'，37H，'AC'

上面的指令中将在 ROM 中开辟出 6 个字节的存储单元。依次为 234（0EAH）、89（59H）、31H、37H、65（41H）、67（43H）。其中 '1' 和 'AC' 表示 1 和 AC 的 ASCII 码。

（5）位地址符号伪指令 BIT。

格式：字符名称 BIT 位地址

说明：用规定的字符名称表示位地址。

例如：

X0 BIT P1.0

X1 BIT 30H

经汇编后，P1 口的第 0 位地址赋给 X0，位地址 30H 赋给 X1。在程序中可以分别用 X0、X1 代替 P1.0 和位地址 30H。

5. 数据传送指令

数据传输指令的功能是将源操作数的数据复制到目标操作数中，或者按要求交换指定操作数的内容。8051 的数据传送指令共有 28 条，可分为 5 类。

（1）数据复制指令。

数据复制指令中具有两个操作数，第一操作数称为目的操作数，第二操作数称为源操作数。

指令说明中"（）"表示内容，比如 R0、(R0)、((R0)) 之间的关系：R0 代表的是工作寄存器 R0；(R0) 表示 R0 寄存器的内容，为一个 8 位二进制数；((R0)) 表示的是以 R0 单元的内容为地址的存储单元的内容，为一个 8 位二进制数。

- MOV A,direct   ;(direct)→(A)
- MOV A,Rn   ;(Rn)→(A)
- MOV A,#data   ;#data→(A)
- MOV A,@Ri   ;((Ri))→(A)

例如：MOV A,@R1

执行前，A=56H,(R1)=0B8H,(0B8H)=4DH

执行后，A=4DH

- MOV Rn,direct   ;(direct)→(Rn)
- MOV Rn,A   ;(A)→(Rn)
- MOV Rn,#data   ;#data→(Rn)
- MOV direct,A   ;(A)→(direct)
- MOV direct,#data   ;#data→(direct)
- MOV direct,Rn   ;(Rn)→(direct)
- MOV direct,@Ri   ;((Ri))→(direct)
- MOV direct1,direct2   ;(direct2)→(direct1)
- MOV @Ri,A   ;(A)→((Ri))

例如：MOV @R1,A

执行前，A=56H,(R1)=0B8H,(0B8H)=0ABH

执行后，A=56H,(R1)=0B8H,(0B8H)=56H

- MOV @Ri,direct   ;(direct)→((Ri))
- MOV @Ri,#data   ;#data→((Ri))
- MOV DPTR,#data16   ;#data16→(DPTR)

例如：MOV DPTR,#1234H

执行前，DPTR=26B8H

执行后，DPTR=1234H（即 DPH=12H,DPL=34H）

为帮助记忆与总结，将 MOV 指令的操作功能绘制成图 2-12。因立即数（#data）不能代表任何地址空间，因此无法作源操作数，即从#data 出发的箭头均为指向外侧的单向箭头；Rn 与@Ri 之间不能进行任何寻址方式的数据传递，因此它们之间无连接箭头。

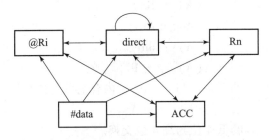

图 2-12　MOV 指令的操作功能

（2）查表指令。

查表指令的功能是对存放在 ROM 中的数据表格进行查找，以 DPTR 或 PC 为基址，A 为变址寄存器，将基址与变址的和作为地址，将该地址的内容读取到 A 寄存器中，查表指令只有两条，可寻址范围为 64 KB。

◆　MOVC A,@A+DPTR　　　　　;((A)+(DPTR))→(A)

例如：MOVC A,@A+DPTR

执行前：(A)=05H,(DPTR)=2B03H,(2B08H)=37H

执行后：(A)=37H

◆　MOVC A,@A+PC　　　　　　;((A)+(PC))→(A)

例如：MOVC A,@A+PC

执行前：(A)=18H,(PC)=1B43H,(1B5BH)=57H

执行后：(A)=57H

（3）堆栈指令。

堆栈指令的功能是对堆栈区的数据存储操作，将输入复制到堆栈的顶部存储单元中，或者将数据从堆栈顶部读取出，其操作数包括特殊存储器在内所有的 RAM 地址单元。堆栈的入栈过程是先将 SP 加 1，再将数据存入，因此实际栈底为 SP+1 单元。

◆　入栈指令 PUSH direct　　　;SP+1→SP,(direct)→((SP))

例如："PUSH ACC" 等同于 "PUSH 0E0H"

执行前，(A)=4CH,(SP)=60H,(60H)=ABH,(61H)=31H

执行后，(A)=4CH,(SP)=61H,(60H)=ABH,(61H)=4CH

◆　出栈指令 POP direct　　　　;SP-1→SP,((SP))→(direct)

例如："POP ACC" 等同于 "POP 0E0H"

执行前，(A)=4CH,(SP)=61H,(61H)=31H

执行后，(A)=31H,(SP)=60H,(61H)=31H

（4）外部数据存储器访问指令。

◆　MOVX A,@DPTR　　　　　　;((DPTR))→(A)

◆　MOVX @DPTR,A　　　　　　;(A)→((DPTR))

- MOVX A,@Ri   ;((Ri))→(A)
- MOVX @Ri,A   ;(A)→((Ri))

(5) 数据交换指令。
- XCH A,Rn   ;(A)↔(Rn)
- XCH A,@Ri   ;(A)↔((Ri))
- XCH A,direct   ;(A)↔(direct)
- XCHD A,@Ri   ;$(A)_{3\sim0}$↔$(Ri)_{3\sim0}$

功能：将 A 寄存器内容的低 4 位与 ((Ri)) 内容的低 4 位交换。
- SWAP A   ;$(A)_{3\sim0}$↔$(A)_{7\sim4}$

功能：将 A 寄存器内容的低 4 位与高 4 位交换。

6. 算术运算指令

算术运算指令的功能是将源操作数与目标操作数进行加、减、乘、除等运算，其结果存放于目标操作数中。8051 的逻辑单元只能对 8 位的无符号数进行运算，利用带进位的指令时，可以对多字节的无符号整数进行运算。同时利用溢出标志位，可以对有符号数进行运算。算术运算指令除加减 1 指令外，运算结束都会刷新 PSW 寄存器的标志位。8051 算术运算指令共有 24 条，可分为 6 类。

(1) 加减 1 指令。

该类指令的主要功能是用于循环计数和地址的偏置查表。加 1 指令助记符为 INC (increase)，减 1 指令助记符为 DEC (decrease)，只有一个目标操作数，可以是直接寻址、工作寄存器、间接寻址和累加器。加减 1 指令的执行结果不影响任何标志位。
- INC direct   ;(direct)+1→(direct)
- INC A   ;(A)+1→(A)
- INC Rn   ;(Rn)+1→(Rn)
- INC @Ri   ;((Ri))+1→((Ri))

例如：INC @R1

执行前，(R1)=7BH,(7BH)=FFH

执行后，(R1)=7BH,(7BH)=00H
- DEC direct   ;(direct)−1→(direct)
- DEC A   ;(A)−1→(A)
- DEC Rn   ;(Rn)−1→(Rn)
- DEC @Ri   ;((Ri))−1→((Ri))

(2) 加法指令。

加法指令用于将源操作数与目标操作数相加，结果存放于目标操作数中。目标寄存器为 A，源操作数的寻址方式可以是立即数、直接地址、工作寄存器或间接地址。加法指令有带进位与不带进位的指令两大类，不带进位的加法指令助记符为 ADD，带进位的加法指令助记符为 ADDC。
- ADD A,#data   ;#data+(A)→(A)

例如：ADD A, #34H

执行前，(A)=26H

执行后，(A) = 26H + 34H = 5AH
- ADD A,direct   ;(direct) + (A)→(A)
- ADD A,Rn   ;(Rn) + (A)→(A)
- ADD A,@Ri   ;((Ri)) + (A)→(A)
- ADDC A,#data   ;#data + (A) + (CY)→(A)

例如：ADDC A,#34H
执行前，(A) = 27H,(CY) = 1
执行后，(A) = 27H + 34H + 1 = 5CH,(CY) = 0
- ADDC A,direct   ;(direct) + (A) + (CY)→(A)
- ADDC A,Rn   ;(Rn) + (A) + (CY)→(A)
- ADDC A,@Ri   ;((Ri)) + (A) + (CY)→(A)

例如：ADDC A,@R1
执行前，(A) = 0FH,(R1) = 26H,(26H) = 56H,(CY) = 1
执行后，(A) = 0FH + 56H + 1 = 66H,(R1) = 26H,(26H) = 56H,(CY) = 0

加法运算指令的运算结果会影响 CY、AC 和 OV 标志位。当最高位 b7 产生进位时，CY 被置位，否则复位。当低 4 位产生进位，即 b3 位进位时，AC 被置位，否则复位。当运算结果不在有符号数范围内时，即有符号数运算溢出，OV 被置位，否则复位。

(3) 减法指令（带借位）。

减法指令都是带借位的指令，指令助记符为 SUBB，目标操作数为 A，源操作数可以是立即数、直接寻址、间接寻址和工作寄存器。运算过程是将 A 寄存器的内容减去源操作数及进/借位标志 CY 的内容，结果存回 A 中。减法指令运算结果会影响 CY、AC 与 OV 标志位。

- SUBB A,#data   ;(A) - #data - (CY)→(A)

例如：SUBB A,#20H
执行前，(A) = 0F5H,(CY) = 1
执行后，(A) = 0F5H - 20H - 1 = 0D4H,(CY) = 0
- SUBB A,direct   ;(A) - (direct) - (CY)→(A)
- SUBB A,Rn   ;(A) - (Rn) - (CY)→(A)
- SUBB A,@Ri   ;(A) - ((Ri)) - (CY)→(A)

当运算过程最高位产生借位时，CY = 1，否则 CY = 0。当第四位产生借位时，AC = 1，否则 AC = 0。当单字节有符号数运算溢出时，OV 位置 1，否则为 0。

(4) 乘法指令。

乘法指令的功能是将 A 寄存器与 B 寄存器中的无符号数相乘，得到 16 位乘积，其高 8 位存于 B 寄存器中，低 8 位存于 A 寄存器中。当乘积的值大于 0FFH 时，OV 标志位为 1，如果为 0 则说明乘积小于 0FFH，可在 A 寄存器中读取结果即可。

- MUL AB   ;(A) × (B)→(BA)

功能：计算 AB 的乘积，高 8 位存于 B，低 8 位存于 A。

例如：MUL AB
执行前，(A) = 20H,(B) = 12H

执行后，(A)=40H,(B)=02H

(5) 除法指令。

除法指令是将累加器 A 中的无符号数除以 B 寄存器中的无符号数，所得的商存于 A 中，余数存于 B 中。除法指令总是使 OV 和 CY 标志位为 0，如 OV=1，表示 B 的值为 0，除法有溢出，运算结果为不定值。

◆ DIV AB   ;(A)÷(B)→(A)…(B)

功能：将累加器 A 中的被除数除以 B 寄存器中的除数，商存回累加器 A，余数存回 B 寄存器。

例如：DIV AB

执行前，(A)=20H,(B)=12H

执行后，(A)=01H,(B)=0EH

(6) BCD 码调整指令。

该指令用于 BCD 码加法的指令，即十进制调整指令。其功能是在两个压缩型 BCD 码数据按二进制数相加存入累加器 A 后，根据 PSW 中标志位 AC、CY 的状态以及 A 中的结果，将 A 的内容进行"加 6"调整，使其转换为 BCD 码形式。指令具体操作过程如下：

若累加器 A 的低 4 位大于 9 或 AC 等于 1，则指令对累加器 A 的低 4 位加 6，产生低 4 位正确的 BCD 码。在加 6 调整后，如果低 4 位向高 4 位产生进位，并且高 4 位均为 1 则进位标志 CY=1；反之，它不能使 CY=0。

若累加器 A 的高 4 位大于 9 或 CY 等于 1，则指令对累加器 A 的高 4 位加 6，产生高位正确的 BCD 码。在加 6 调整后，如果最高位产生进位，则进位标志 CY=1。CY=1 表示两个 BCD 码数相加后，和大于或等于 100，这对于多字节加法有用，但不影响 OV 位。

该指令必须在加法指令 ADD 或 ADDC 之后使用，它不能简单地把 A 中的十六进制数变成 BCD 码。该指令不能用于十进制减法的调整，BCD 码的减法运算可以考虑用加法来完成。

◆ DA A

功能：将 A 寄存器中的 BCD 码进行十进制调整。

例如：DA A

执行前，(A)=ABH,(CY)=0

执行后，(A)=11H,(CY)=1

7. 逻辑运算指令

逻辑运算指令是对操作数按位进行与、或、非、取反或者异或运算的指令，它的运算结果不会影响标志位，8051 的指令系统中共有 4 类 19 条逻辑运算指令。

(1) 逻辑与指令 AND。

逻辑与指令将两个操作数对应的位进行与运算后存回目标操作数中，当两个位都为逻辑"1"时，运算结果方为"1"，否则为"0"。指令助记符 ANL 为 AND（与）和 LOGIC（逻辑）的缩写，逻辑与指令共有 6 条。

◆ ANL A,direct   ;(A)∩(direct)→(A)

例如：ANL A, 58H

执行前，(A) = 0E2H, (58H) = 26H

执行后，(A) = 62H, (58H) = 26H

- ◆ ANL A, #data   ;(A) ∩ #data→(A)
- ◆ ANL A, Rn   ;(A) ∩ (Rn)→(A)
- ◆ ANL A, @Ri   ;(A) ∩ ((Ri))→(A)
- ◆ ANL direct, #data   ;(direct) ∩ #data→(direct)
- ◆ ANL direct, A   ;(direct) ∩ (A)→(direct)

(2) 逻辑或指令 OR。

逻辑或指令将两个操作数对应的位进行或运算或存回目标操作数中，当两个位为逻辑"0"时，运算结果方为"0"，否则为"1"。指令助记符 ORL 为 OR（或）和 LOGIC（逻辑）的缩写，逻辑或指令共有6条。

- ◆ ORL A, direct   ;(A) ∪ (direct)→(A)

例如：ORL A, 58H

执行前，(A) = 0E2H, (58H) = 26H

执行后，(A) = 0E6H, (58H) = 26H

- ◆ ORL A, #data   ;(A) ∪ #data→(A)
- ◆ ORL A, Rn   ;(A) ∪ (Rn)→(A)
- ◆ ORL A, @Ri   ;(A) ∪ ((Ri))→(A)
- ◆ ORL direct, #data   ;(direct) ∪ #data→(direct)
- ◆ ORL direct, A   ;(direct) ∪ (A)→(direct)

(3) 异或指令 XOR。

逻辑异或指令将两个操作数对应的位进行异或运算或存回目标操作数中，当两个位逻辑值相反，即其中一个为真，另一个为假时运算结果方为"1"，否则为"0"。异或指令共有6条。

- ◆ XRL A, direct   ;(A) ⊕ (direct)→(A)

例如：XRL A, 58H

执行前，(A) = 0C6H, (58H) = 25H

执行后，(A) = 0E3H, (58H) = 25H

- ◆ XRL A, #data   ;(A) ⊕ #data→(A)
- ◆ XRL A, Rn   ;(A) ⊕ (Rn)→(A)
- ◆ XRL A, @Ri   ;(A) ⊕ ((Ri))→(A)
- ◆ XRL direct, #data   ;(direct) ⊕ #data→(direct)
- ◆ XRL direct, A   ;(direct) ⊕ (A)→(direct)

(4) 累加器取反指令 CPL。

用于将累加器中的内容取反的指令，指令只有一个目标操作数 A。

- ◆ CPL A   ;/(A)→(A)

例如：CPL A

执行前，(A) = 98H

执行后，(A) = 67H

(5) 移位指令。

移位指令能对累加器 A 中的内容进行循环移位操作，8051 指令系统中支持循环左移、循环右移、带进位循环左移和带进位循环右移共 4 条移位指令。

◆ RL A

功能：循环左移，将累加器 A 中的每个位向左移动一个单位，最高位移到最低位。

例如：RL A

执行前，(A) = 9BH，即 1001 1011

执行后，(A) = 37H，即 0011 0111

另外：二进制数中，每一位的权为 2^n，因此在没溢出的前提下每向左移一位，相当于将该数乘以 2，而右移恰好相反，相当于是除以 2 的运算。

◆ RR A

功能：循环右移，将累加器 A 中的每个位向右移动一个单位，最低位移到最高位。

◆ RLC A

功能：带进位循环左移，将累加器 A 中的每个位向左移动一个单位，最高位移到进位标志 CY 中，CY 的内容补到最低位。

例如：RLC A

执行前，(A) = 9BH，即 1001 1011，CY = 0

执行后，(A) = 36H，即 0011 0110，CY = 1

◆ RRC A

功能：带进位循环右移，将累加器 A 中的每个位向右移动一个单位，最低位移到进位标志 CY 中，CY 的内容送到最高位。

8. 控制转移指令

通常情况下，单片机是按从前至后的顺序运行的。跳转分支能使程序功能更加灵活，控制转移类指令为此而生，通过给 PC 赋值的方法实现程序的分支跳转。控制转移类指令可分为 6 个子类，下面分别介绍。

(1) 无条件转移指令。

无条件转移指令是强制性的更改 PC 的值，不需要其他条件。无条件转移指令共有 4 条。

◆ AJMP addr11

说明：短跳指令，实现 2 KB 范围内的无条件转移，指令执行后将 addr11 送入 PC 低 11 位，高 5 位保持不变，因此跳转的目标地址必须与执行后 PC 值的高 5 位相同，即 addr11→$(PC)_{10\sim0}$。

◆ SJMP rel

说明：程序分支指令，执行该指令的过程中 PC 加 2 之后再与 rel 相加得出目标地址，rel 是 8 位带符号的二进制补码数，因此 SJMP 可实现向前 128 B 或向后 127 B 的跳转功能或原地死循环，(PC) + rel→(PC)。

例如：SJMP LK

执行前：PC 为指令"SJMP LK"的地址；

执行后：PC 为指令标签 LK 所在指令的地址。

可以使用"LOOP：SJMP LOOP"让程序原地踏步，在转移类指令中可以使用"＄"来代表当前指令所在地址标签，因此"LOOP：SJMP LOOP"可用"SJMP ＄"代替。

◆ LJMP addr16

说明：长跳指令，将 16 位地址 addr16 赋予 PC 实现 64 KB 地址范围的跳转，即 addr16 →（PC）。

◆ JMP @ A + DPTR

说明：间接跳转指令，将 DPTR + A 的值赋予 PC 实现程序的分支跳转，通常给予 DPTR 一个固定的值作为基址，A 作为变址，即(A) +（DPTR）→（PC）。

（2）条件转移指令。

需要满足条件才执行程序的转移，当规定的条件满足，则进行转移，否则顺序执行。指令跳转参数 rel 为 8 位有符号二进制补码，可向前 128 B 或向后 127 B 分支转移，包括字节条件与位条件判断共 7 条指令。

◆ JZ rel

说明：如果累加器 A = 0，则(PC) + rel→(PC)，否则顺序执行。

◆ JNZ rel

说明：如果累加器 A≠0，则(PC) + rel→(PC)，否则顺序执行。

◆ JC rel

说明：如果 PSW 寄存器位 CY = 1，则(PC) + rel→(PC)，否则顺序执行。

◆ JNC rel

说明：如果 CY≠0，则(PC) + rel→(PC)，否则顺序执行。

◆ JB bit, rel

说明：如果 bit 位的值为 1 则跳转，否则顺序执行。

◆ JNB bit, rel

说明：如果 bit 位的值为 0 则跳转，即(PC) + rel→(PC)，否则顺序执行。

◆ JBC bit, rel

说明：如果 bit 位的值为 1 则跳转，跳转后该位清零，否则顺序执行。

（3）比较转移指令（比较不相等转移指令）。

根据比较结果决定是否跳转，指令格式为"CJNE S1，S2，rel"，前两个操作数为 8 位无符号二进制数。S1 可为 A、Rn 或@ Ri，S2 可为 direct 或#data，偏移地址 rel 为 8 位二进制补码数，即可向前 128 B 或向后 127 B 跳转。另外，如 S1 < S2，则进位标志 CY = 1。

◆ CJNE A，direct，rel

说明：如果（A）≠（direct）则跳转至目标地址，否则顺序执行。

◆ CJNE A，#data，rel

说明：若（A）≠#data 则跳转至目标地址，否则顺序执行。

◆ CJNE Rn，#data，rel

说明：若（Rn）≠#data 则跳转至目标地址，否则顺序执行。

◆ CJNE @ Ri，#data，rel

说明：若((Ri))≠data 则跳转至目标地址，否则顺序执行。

（4）计数循环指令（减1不为0转移指令）。

计数循环指令的功能是将源操作数的内容减1并判断是否为0，是则顺序运行，否则跳转。源操作数可以为工作寄存器或存储器地址，使用该指令可以实现循环计数功能，主要用在延时程序中。

◆ DJNZ Rn, rel

说明：将（Rn）的内容减1，若（Rn）≠0则跳转，否则顺序运行。

◆ DJNZ direct, rel

说明：将（direct）的内容减1，若（direct）≠0则跳转，否则顺序运行。

（5）子程序调用指令。

在一个程序中经常会碰到反复多次执行某个程序段的情况，如果重复编写这个程序段会使程序变得冗长而杂乱，可阅读性与可维护性都极低。采用子程序结构便可解决此问题，将在程序中重复的程序段编写为一个子程序，在程序需要时再调用即可，子程序调用指令的功能便是为了实现子程序的调用与返回。

◆ ACALL addr11

说明：短调用指令，能实现2 KB 范围内的子程序调用，执行后 PC 的低11位的值为 addr11，高5位不变，即目标地址与执行后 PC 值的高5位必须相同。

◆ LCALL addr16

说明：长调用指令，调用16位地址可实现64 KB 地址范围跳转，即 addr16→（PC）。

◆ RET

说明：子程序返回指令，无参数。将堆栈中的地址恢复到 PC。

◆ RETI

说明：中断服务子程序返回，与 RET 类似，不同的是该指令会清除相应的中断标志位。

（6）空操作指令。

空操作指令是一条特殊的跳转指令，其功能是跳转到下一条指令的地址，相当于什么都不做只等待一个机械周期，该指令用于特殊延时场合。

◆ NOP

说明：无参数，空操作。

9. 位操作指令

8051 具有完善的位结构，相应地由位操作指令来支持，用于对操作的位进行置位、复位、与或非等操作。8051 的指令系统中共有10条，其操作数为可位寻址存储区或特殊功能寄存器中的某个位，位操作指令可分为位传送指令、位运算指令、置复位指令3类。

（1）位传送指令。

位传送指令有两条，用于将源操作位的值复制到目标操作位中。

◆ MOV C, bit　　　　　　　;(bit)→(C)
◆ MOV bit, C　　　　　　　;(C)→(bit)

位操作指令中并没有两个可寻址位之间的传送指令，因此需要使用 C 作为中介来实现。

例如要将34H位传送到53H中：

  MOV C,34H

  MOV 53H,C

（2）位运算指令。

位运算指令用于与、或、非运算，共有6条指令。

- ◆ ANL C,bit   ;(C)∩(bit)→(C)
- ◆ ANL C,/bit   ;(C)∩(/bit)→(C)
- ◆ ORL C,bit   ;(C)∪(bit)→(C)
- ◆ ORL C,/bit   ;(C)∪(/bit)→(C)
- ◆ CPL C   ;(/C)→(C)
- ◆ CPL bit   ;(/bit)→(bit)

（3）置复位指令。

置复位指令的任务是将目标位置"1"或清"0"，它有置位与复位4条指令。

- ◆ SETB C   ;1→(C)
- ◆ SETB bit   ;1→(bit)
- ◆ CLR C   ;0→(C)
- ◆ CLR bit   ;0→(bit)

10. 延时程序设计

单片机的运算速度在几MHz到几十MHz的范围内不等，以12 MHz的8051单片机来说，每个机械周期刚好为1 μs，每条指令执行时间为1 μs、2 μs或4 μs，对于人眼100 ms的响应时间来说是无法分辨出来的。因此要使我们看到LED的闪烁，假如闪烁频率为1 s，延时要求为500 ms，那么必须使用延时程序段来实现。在与某些低速设备交互数据时单片机同样需要等待，这也是对延时另一个主要的需求应用。

延时的基本结构就是循环，根据给定的条件不停地循环运行，直至达到条件成立时再退出循环结构，本任务程序的延时就是利用这种过程实现的。从前面的控制转移类指令介绍中知道可用于循环计数的指令"DJNZ Rn, rel"或"DJNZ direct, rel"，它们的功能基本是一样，只是源操作数不用，将（Rn）或（direct）的值减1然后判断是否为0，不为0则跳转，为0则顺序执行。下面以第一条指令为例编写延时程序：

  MOV R5,#200

  DJNZ R5,$;$代表本条指令的首地址,即跳转后仍执行本条指令

第一条MOV指令在R5中存入200这个数，第二条指令将R5减1为199后判断是否为0？不为0则跳回该DJNZ指令继续循环执行，如此循环执行200次该指令后，R5的值为0，再顺序执行下一条指令。循环的时间为指令执行时间乘以执行次数，即2×200 = 400 μs（DJNZ的双周期指令）。严格来说，第一条指令也属于延时范围内，但是它只被执行一次，因此可忽略不计，除非延时有特别的要求或只有几微秒的延时。上面的例子中源操作数为一个字节，最长延时为255×2 = 510 μs，时间远远不够，因此采用二重循环结构：

```
    MOV R6,#20
D2： MOV R7,#200
    DJNZ R7,$
    DJNZ R6,D2
```

在两条赋值指令之后进入循环，首先在第一条循环计数指令执行 200 次后 R7 为 0，接着执行"DJNZ R6，D2"指令，R6 减 1 后不为 0 则跳转到 D2 标签处，给 R7 赋值后又一次开始 200 次的循环，循环总次数为 20×200 = 4 000 次。使用两重循环，最长循环时长为 255×255×2 μs，约 130 ms，离我们的任务的延时时间 500 ms 尚有差距，因此需再增加循环次数：

```
DELAY： MOV R5,#4
   D1： MOV R6,#20
   D2： MOV R7,#200
        DJNZ R7,$
        DJNZ R6,D2
        DJNZ R5,D1
        RET
```

上面为三重循环的延时程序，其执行过程与两重的类似，三重循环的最长循环时长约 $255^3 \times 2$ μs，约 33 s。上面的程序延时为 $4 \times 20 \times 200 \times 2$ μs，约 0.5 s。上面的几个例子中都是以 12 MHz 的时钟周期为前提条件的，不同的时钟周期执行的时间是有差异的，频率越高执行速度越快，时间越短。

注：将延时程序编写为一个子程序 DELAY，然后在程序中通过 LCALL 指令调用，使程序源码更加简洁明了，编译后使用的程序存储空间更少。

任务实施

（1）使用 Proteus ISIS 仿真软件绘制电路图。

①首先按元件清单添加所需元件，元件清单见表 2-1。

表 2-1 流水灯电路元件清单

元件关键字	元件名称
AT89C51	单片机
CRYSTAL	晶振
BUTTON	按钮
LED-RED	发光二极管-红色
CERAMIC33P	33 pF 电容
MINELECT22U16V	22 μF 电解电容
MINRES2K、MINRES100R	电阻（2 kΩ、100 Ω）

②绘制流水灯控制电路的电路图。如图2-13所示。

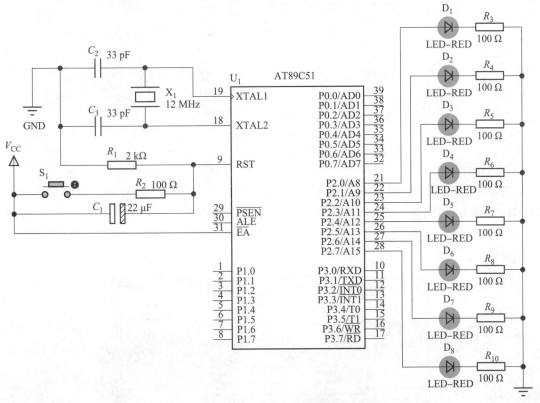

图2-13 流水灯控制电路

(2) 使用 Keil 软件编写单片机源程序并编译。源程序如下：

```
ORG 0000H              ;程序的起始地址0000H
MAIN:   MOV P2,#00000001B    ;点亮第1个LED
        LCALL DELAY          ;调用延时子程序
        MOV P2,#00000010B    ;点亮第2个LED
        LCALL DELAY
        MOV P2,#00000100B    ;点亮第3个LED
        LCALL DELAY
        MOV P2,#00001000B    ;点亮第4个LED
        LCALL DELAY
        MOV P2,#00010000B    ;点亮第5个LED
        LCALL DELAY
        MOV P2,#00100000B    ;点亮第6个LED
        LCALL DELAY
        MOV P2,#01000000B    ;点亮第7个LED
        LCALL DELAY
```

```
            MOV P2,#10000000B      ;点亮第8个LED
            LCALL DELAY
            SJMP MAIN              ;跳转回程序起始位置,开始下一循环
    DELAY:  MOV R2,#0FFH           ;延时子程序,
    DEL1:   MOV R3,#0FFH           ;更改R2、R3数值控制延时时间的长短
    DEL2:   DJNZ   R3,DEL2
            DJNZ   R2,DEL1
            RET
            END
```

思考：如何在上面程序的基础上将闪烁速度调快、调慢？假设单片机晶振频率为12 MHz，则该延时子程序的延时时间是多少？

（3）将编译后的单片机程序加载到 Proteus 中的单片机中，单击"运行"按钮，观看效果，如图 2-14 所示。

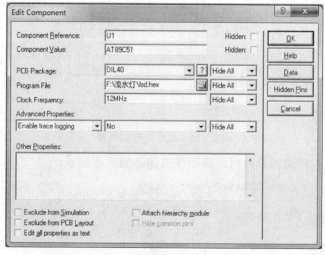

图 2-14　在 Proteus 中为单片机加载 .hex 文件

（4）上面使用的方法虽然可以实现流水灯闪烁控制，但是代码冗长重复，不是最优化的方法，下面将利用左移或右移指令改造流水灯程序，源代码如下：

```
            ORG 0000H              ;程序的起始地址0000H
    MAIN:   MOV A,#00000001B       ;对A赋初值
    LOOP:   MOV P2,A               ;点亮第1个LED
            LCALL DELAY            ;调用延时子程序
            RL A                   ;将A的内容左移1位,变为00000010B
            SJMP LOOP              ;程序跳转至LOOP处,开始循环
    DELAY:  MOV R2,#0FFH           ;延时子程序
    DEL1:   MOV R3,#0FFH           ;更改R2、R3数值控制延时时间的长短
```

```
DEL2: DJNZ   R3,DEL2
       DJNZ   R2,DEL1
       RET                      ;子程序返回指令
       END
```

请将该程序编辑、编译后重新加载到 Proteus 的单片机中,运行并观看是否实现流水灯显示效果。

思考:如何实现 LED 的右移?能否控制 LED 流水闪烁的次数?

任务总结

能够实现控制要求的程序都是正确的程序,但不一定是最优的程序,本任务的两段程序中显然后一段程序代码简洁、逻辑紧凑,优于第一段程序。请学习者以简单的 LED 控制入手,钻研单片机汇编程序的编写,通过不断的学习与勤奋地练习,学习者一定能够发现编程的乐趣、掌握编程的技巧。

项目评价

课程名称:单片机应用技术		授课地点:	
学习任务:流水灯设计		授课教师:	授课学时:
课程性质:理实一体课程		综合评分:	
知识掌握情况评分(30 分)			
序号	知识考核点	教师评价	配分	实际得分
1	理解并掌握汇编指令的功能		10	
2	能说明流水灯程序设计思路,编写并读懂程序		10	
3	能编写并读懂延时程序		10	
工作任务完成情况评分(70 分)			
序号	技能考核点	教师评价	配分	实际得分
1	能正确绘制流水灯系统电路图		20	
2	能正确建立工程文件,选择正确的单片机型号		10	
3	能正确编辑汇编程序或能找到并改正程序中的错误		20	
4	会设置 HEX 文件生成属性		10	
5	软件仿真、电路连接和系统调试能力		10	

续表

课程名称：单片机应用技术	授课地点：	
学习任务：流水灯设计	授课教师：	授课学时：
课程性质：理实一体课程	综合评分：	

违纪扣分（20分）

序号	扣分项目	教师评价	配分	实际得分
1	学习中玩手机、打游戏		5	
2	课上吃东西		5	
3	课上打电话		5	
4	其他扰乱课堂秩序的行为		5	

拓展提高

（1）编写出其他闪烁花样的控制程序（如8只LED逐一点亮，直至全亮，然后全灭重新开始循环）。

（2）使用查表指令设计更加复杂的LED变换方式，变换方式可以自由定义。

练习与思考

一、选择题

1. 下列指令中目的操作数不是寄存器寻址的是（　　）。
   A. MOV A, 20H　　　　　　　　　B. MOV ACC, R1
   C. MOV R5, 20H　　　　　　　　D. MOV DPTR, #2000H

2. 关于数据传送类指令，下列说法正确的是（　　）。
   A. 在内部数据存储区中，数据不能直接从一个地址单元传送到另一个地址单元
   B. 程序存储空间中的数据能直接送入内部存储区中任意单元
   C. 所有的数据传送指令都不影响PSW中的任何标志位
   D. 只能使用寄存器间接寻址方式访问外部数据存储器

3. 运行"MUL AB"指令后，OV=1表示（　　）。
   A. 乘积中累加器(A)=0　　　　　B. 乘积中累加器(A)≠0
   C. 乘积中累加器(B)=0　　　　　D. 乘积中累加器(B)≠0

4. 已知(A)=0ABH，(R1)=7FH，执行指令"ADD A,R1"后，标志位CY、OV的值是（　　）。
   A. CY=1，OV=0　　　　　　　　B. CY=0，OV=1
   C. CY=1，OV=1　　　　　　　　D. CY=0，OV=0

5. 下列指令操作码中不能判断两个字节数据是否相等的是（　　）。
   A. SUBB　　　　B. ORL　　　　C. XRL　　　　D. CJNE

6. 以下选项中正确的立即数是（　　）。

A. #0F0H B. #1234H C. 1234H D. 0F0H

7. 要把 P0 口高 4 位变 0，低 4 位不变，应使用指令（　　）。

A. ORL P0,#0FH B. ORL P0,#0F0H
C. ANL P0,#0F0H D. ANL P0,#0FH

8. 在寄存器间接寻址方式中，指定寄存器中存放的是（　　）。

A. 操作数 B. 操作数地址 C. 转移地址 D. 地址偏移量

9. 对程序存储器的读操作，只能使用（　　）。

A. MOV 指令 B. PUSH 指令
C. MOVX 指令 D. MOVC 指令

10. 执行返回指令时，返回的断点是（　　）。

A. 调用指令的首地址 B. 调用指令的末地址
C. 调用指令下一条指令的首地址 D. 返回指令的末地址

二、填空题

1. 累加器（A）= 80H，执行完指令"ADD A,#83H"后，进位位 CY = _____。

2. 执行"ANL A,#0FH"指令后，累加器 A 的高 4 位 = _____。

3. 累加器（A）= 7EH，（20H）= 04H，MCS-51 执行完"ADD A,20H"指令后，PSW.0 = _____。

4. "MOV PSW,#10H"是将 MCS-51 的工作寄存器置为第_____组。

5. "ORL A,#0F0H"是将 A 的高 4 位置"1"，而低 4 位_____。

6. 设 DPTR = 2000H,（A）= 80H，则"MOVC A,@A+DR"的操作数的实际地址为_____。

7. 在位操作中，能起到与字节操作中累加器作用的是_____。

8. 假定（A）= 85H,（R0）= 20H,（20H）= 0AFH。执行指令"ADD A,@R0"后，累加器 A 的内容为_____，CY 的内容为_____，AC 的内容为_____，OV 的内容为_____。

9. 假定（A）= 85H,（20H）= 0FFH,（CY）= 1，执行指令"ADDC A,20H"后，累加器 A 的内容为_____，CY 的内容为_____，AC 的内容为_____，OV 的内容为_____。

10. 假定（A）= 0FFH,（R3）= 0FH,（30H）= 0F0H,（R0）= 40H,（40H）= 00H。执行指令

INC A

INC R3

INC 30H

INC @R0

后，累加器 A 的内容为_____，R3 的内容为_____，30H 的内容为_____，40H 的内容为_____。

按键显示器的制作——单片机端口控制

📂 项目场景

尊老爱幼是中华民族的传统美德。某天在一个养老院房间里，一位老人需要服务按下了身旁的按钮，然后服务人员根据数码提示很快出现在老人身边，开始提供相应的服务和帮助。

📂 需求分析

随着我国步入老龄化，国家加大了对养老服务设施建设的投入，这类呼唤按钮已成为基层养老场所房间的标配之一。类似的生活中在饭馆、社区医院、小型宾馆等场所，均存在来自于饭桌、床位、房间按下呼唤按钮寻求服务的需求，这需要在服务端的显示器件上能显示这些呼叫信号所在的位置编号，以便准确响应。

📂 方案设计

根据应用环境，项目设计方案采用了按键和数码显示管。考虑到单片机的结构特点，我们分别设计了两个基于并行口和串行口工作的不同方案作为任务一和任务二来实现。

其中电路中的按键为有限数量的多个，每个按键都有自己的编号；数码显示管作为唯一的显示器件。当多个按键中的某一个被按下后，数码显示管就会显示其编号。

本项目的任务主要分为以下两部分：

任务一　并行输出矩阵式按键显示器制作；

任务二　串行输出独立式按键显示器制作。

📂 相关知识和技能

1. 知识目标

（1）掌握数码显示管的使用方法；

(2) 掌握单片机按键防抖的原理；
(3) 掌握单片机并行口的特点和应用；
(4) 掌握单片机串行口的特点和应用；
(5) 掌握单片机矩阵式键盘的扩展方法；
(6) 掌握单片机独立式键盘的应用。

2. 技能目标

(1) 能够使用 Keil 软件对汇编程序进行调试、编译等；
(2) 能够利用 Proteus 仿真软件正确连接电路及调试；
(3) 能够正确编写串行口数据输出程序；
(4) 能够灵活运用单片机转移指令进行循环程序的编写；
(5) 能够编写按键防抖程序；
(6) 能够正确搭建数码显示管应用电路；
(7) 能够根据要求设定数码显示管的显示字段码。

【知识准备】

1. 七段数码显示管介绍

并行输出按键显示器的制作

七段数码显示管简称数码显示管，有不同尺寸，以适应不同场合的需要。七段数码显示管内部一般由 8 只发光二极管组成，其中由 7 只细长的发光二极管组成数字显示段，它的显示段可以独立地控制发光或熄灭。这样一来，不同段的组合就形成了不同的数字或英文字母。另外一只圆形的发光二极管显示小数点，如图 3 - 1 (a) 所示。

数码显示管内部的发光二极管有共阴极和共阳极两种连接方法，如图 3 - 1 (b)、(c) 所示。若为共阴极接法，则输入高电平使发光二极管点亮；若为共阳极接法，则相应字段输入低电平使发光二极管点亮。所以在使用数码显示管时，要注意区分两种不同的接法。为了显示数字或符号，要为数码显示管提供代码（字段码），两种接法的字段码是不同的。

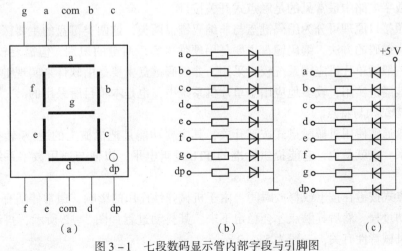

图 3 - 1 七段数码显示管内部字段与引脚图

(a) 内部字段与引脚；(b) 共阴极；(c) 共阳极

七段发光二极管再加上一个小数点位段 dp，共计 8 段，提供给数码显示管的字段码正好为一个字节长（8 位），各字段码的对应关系如表 3-1 所示。

表 3-1 字段码对应关系

代码位	D7	D6	D5	D4	D3	D2	D1	D0
显示段	dp	g	f	e	d	c	b	a

用数码显示管显示十六进制数的字段码如表 3-2 所示。

表 3-2 数码显示管的字段码表

显示字符	共阳极字段码	共阴极字段码	显示字符	共阳极字段码	共阴极字段码
0	11000000B（C0H）	00111111B（3FH）	9	10010000B（90H）	01101111B（6FH）
1	11111001B（F9H）	00000110B（06H）	A	10001000B（88H）	01110111B（77H）
2	10100100B（A4H）	01011011B（5BH）	B	10000011B（83H）	01111100B（7CH）
3	10110000B（B0H）	01001111B（4FH）	C	11000110B（C6H）	00111001B（39H）
4	10011001B（99H）	01100110B（66H）	D	10100001B（A1H）	01011110B（5EH）
5	10010010B（92H）	01101101B（6DH）	E	10000110B（86H）	01111001B（79H）
6	10000010B（82H）	01111101B（7DH）	F	10001110B（8EH）	01110001B（71H）
7	11111000B（F8H）	00000111B（07H）	"全灭"	11111111B（FFH）	00000000B（00H）
8	10000000B（80H）	01111111B（7FH）			

2. 键盘的工作原理

键盘是由一组规则排列的按键组成，一个按键实际上是一个开关元件。也就是说，键盘是一组规则排列的开关。

（1）按键的分类。

按键按照结构原理可分为两类，一类是触点式开关按键，如机械式开关、导电橡胶式开关等；另一类是无触点式开关按键，如电气式按键、磁感应按键等。前者造价低，后者寿命长。目前，数字电路中最常见的是触点式开关按键。

按键按照接口原理可分为编码键盘与非编码键盘两类，这两类键盘的主要区别是识别按键及给出相应键码的方法。编码键盘主要是用硬件来实现对键的识别，但需要较多的硬件，价格较贵，一般的单片机应用系统较少采用。非编码键盘主要是由软件来实现键盘的定义与识别，由于其经济实用，较多地应用于单片机系统中，也是本项目所采用的。

（2）按键结构与特点。

微机键盘通常使用机械触点式按键开关，其主要功能是把机械上的通/断转换成为电气上的逻辑关系。也就是说，它能提供标准的 TTL 逻辑电平，以便与通用数字系统的逻辑电平相兼容。

机械触点式按键在按下或释放瞬间，由于机械弹性作用的影响，通常伴随有一定时间的触点机械抖动过程，然后其触点才会稳定下来。其抖动过程如图 3-2 所示，抖动时间的长短与开关的机械特性有关，一般为 5~10 ms。

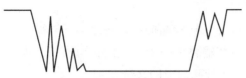

图 3-2 按键触点的机械抖动

所以若在触点抖动期间检测按键的通与断状态,可能导致判断结果出错。为了克服按键触点机械抖动所致的检测误判,必须采取消抖措施。一般来说,在键数较少时,可采用硬件去抖,而当键数较多时,采用软件去抖。

硬件去抖动,可采用在按键输出端加触发器构成去抖动电路,在此不做赘述。

软件去抖动,在检测到有按键按下或释放后,先执行一个 10 ms 左右(具体时间可视所使用的按键类型进行调整)的延时程序,再确认该按键的电平状态,这时基本可以确定抖动过程已结束,此时检测到的按键状态就是准确的按下或释放状态。

(3) 编制键盘程序。

一个完善的键盘控制程序应该包含以下步骤:

① 检测有无按键按下。

② 采取硬件或软件措施,消除键盘按键机械抖动的影响。

③ 判断是哪一个按键按下,并且每次只处理一个按键。

④ 对按键功能进行解释执行。

任务一 并行输出矩阵式按键显示器制作

【任务描述】

用单片机连接一组矩阵式按键,用并行口控制数码显示管的显示结果,要求当按下某个按键后,数码显示管显示该按键的编号。实训任务完成后,应掌握数码显示管的应用和单片机并行口的数据传输,以及矩阵式键盘的应用。

【任务分析】

我们先利用单片机的并行 I/O 口的 8 个引脚扩展出 4×4 矩阵式按键,实现对 16 个按键的状态识别;考虑到数码显示管的工作电流,电路中加入了相应驱动芯片 74HC573,再通过并行 I/O 口输出相应按键的字段码到数码显示管的驱动芯片,最终实现显示。

【知识准备】

1. 并行通信方式

并行通信传输中有多个数据位,同时在两个设备之间传输,每一位数据都需要一条数据传输线。发送设备将这些数据位通过对应的数据线传送给接收设备,还可附加一位数据校验位。接收设备可同时接收到这些数据,不需要做任何变换就可直接使用。并行方式主要用于近距离通信。计算机内的总线结构就是并行通信的例子。

并行传输的特点如下：

（1）传输速度快，一位（比特）时间内可传输一个字符。

（2）通信成本高，每位传输要求一个单独的信道支持；因此如果一个字符包含8个二进制位，则并行传输要求8个独立信道的支持。

（3）不支持长距离传输，当远距离传输时，可靠性较低。

2. 74HC573 简介

74HC573 是包含 8 路 3 态输出的非反转透明锁存器，是一种高性能硅栅 CMOS 器件。其输入是和标准 CMOS 输出兼容的，加上拉电阻后能和 TTL 电平兼容。I/O 输出能直接接到 CMOS、NMOS 和 TTL 接口上；工作电压范围为 2.0~6.0 V。由于其高电平状态下最大输出电流可达 35 mA，明显大于单片机 I/O 口输出电流。故更适合代替单片机 I/O 口较长时间驱动 LED 数码显示管工作。图 3-3 所示为驱动芯片 74HC573 引脚图。

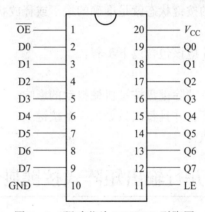

图 3-3　驱动芯片 74HC573 引脚图

3. 矩阵式键盘

（1）矩阵式键盘的结构及工作原理。

矩阵式键盘通常用于按键数目较多的场合，它由行线和列线组成，按键位于行、列线的交叉点上。其典型结构如图 3-4 所示，1 个 4×4 的行、列结构可以构成 1 个具有 16 个按键的键盘。显然，在按键数目较多时，矩阵式键盘比独立式键盘要节省较多的 I/O 口线。

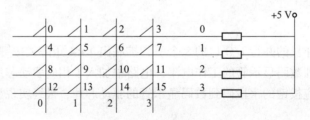

图 3-4　矩阵式键盘结构

矩阵式键盘中的按键设置在行、列线交点上，行列线分别连接到按键开关的两端，行线通过上拉电阻接到 +5 V 上。当无键按下时，行线处于高电平状态；当有键按下时，行、列线将导通，此时，行线电平将由与此行线相连的列线电平决定。这是识别按键是否按下的关键所在。如图 3-4 中的 8 号键，它位于第 2 行，第 0 列，若将第 0 列置为低电平，当按下 8 号键时第 2 行线就会由原来的高电平状态被拉到低电平状态。矩阵式键盘中的行线、列线和多个键相连,各按键按下与否均影响该键所在行线和列线的电平,各按键间将相互影响。因此,必须将行线、列线信号配合起来进行适当处理,才能确定闭合键的位置。

(2) 矩阵式键盘按键的识别。

键盘扫描程序一般应包括以下步骤:

①令每行(列)为低电平,每列(行)为高电平。

②结合消抖判断有无键按下。

③如果有键按下,识别是哪一个键按下,通过键盘扫描过程取得闭合按键的行、列码值。

识别按键的方法很多,其中最常见的方法是扫描法。常见思路是:

首先将各行(列)都置为高电平,各列(行)都置为低电平,再读入行(列)状态。如果读取的行(列)状态全为"1",说明各键没有按下,如果不全为"1",说明有按键按下。

接着将行(列)状态保持高电平,各列(行)状态依次置"0"后再读入行(列)状态,若行(列)状态仍全为"1",说明该列各键没有按下,继续置"0"下一列(行)并读取行(列)状态;如果行(列)状态不全为"1",说明该列(行)有按键按下,且就是该列(行)与"0"状态的行(列)线相交点处的按键。

任务实施

1. 并行输出矩阵式按键显示器的硬件电路设计

(1) 按键显示器设计思路。

根据本项目的任务分析情况设计按键显示器电路,电路以单片机 AT89S51 为核心,外围电路包括矩阵式按键、数码显示管及驱动芯片 74HC573。这里的数码显示管驱动芯片也可选用其他型号,驱动芯片的本质就是一个兼容 TTL 电平的锁存器。单片机 P3 端口接有 4×4 矩阵式键盘,其中 4 条列线与单片机 P3 端口的 P3.0 ~ P3.3 引脚相接,4 条行线与 P3 端口的 P3.4 ~ P3.7 引脚相接。矩阵式按键和数码显示管采用常见型号即可。

(2) 按键显示器原理图。

根据设计思路,使用 Proteus ISIS 仿真软件绘制电路图。

先按元件清单添加所需元件,元件清单见表 3-3。

表 3-3 按键显示器元件清单

元件关键字	元件名称
AT89S51	单片机
RESPACK-8	上拉电阻
BUTTON	按键
7SEG	数码显示管
74HC537	数码显示管驱动芯片

本任务的硬件电路组成如图 3-5 所示(由 Proteus 软件构建电路并仿真,运行结果与实际电路完全相同)。

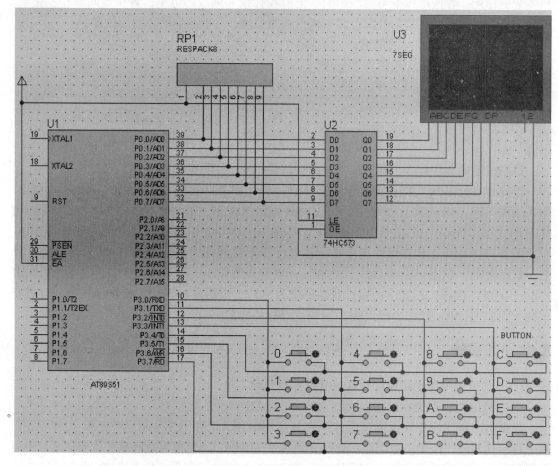

图3-5 按键显示器原理图

2. 并行输出矩阵式按键显示器的软件设计

程序设计思路是首先将按键各行线（P3.4～P3.7）都置为高电平，各列线（P3.0～P3.3）都置为低电平，再读入行状态。如果全为"1"（本任务中是通过 CJNE 指令判断），说明各键没有按下，如果不全为"1"，说明有按键按下。

接着将行状态保持高电平，各列状态依次置"0"（本任务中通过先置位 CY 再执行 RLA 指令实现）后再读入行状态，若全为"1"，说明该列各键没有按下，置"0"下一列继续读取行状态；如果行状态不全为"1"，说明该列有按键按下，且就是该列与"0"状态的行线相交点处的按键。

判断出按键编号后，就通过单片机的并行口 P0 将相应的按键编号的字段码并行输出到驱动芯片74HC573，再在与之相连的数码显示管上显示出来。

（1）画流程图（见图3-6）。
（2）程序代码。

按照程序流程图，我们最终设计了如下程序代码，在 Keil 软件中创建 *.asm 文件，再编译生成能在 Proteus 仿真软件中运行的 *.hex 文件。

项目三　按键显示器的制作——单片机端口控制

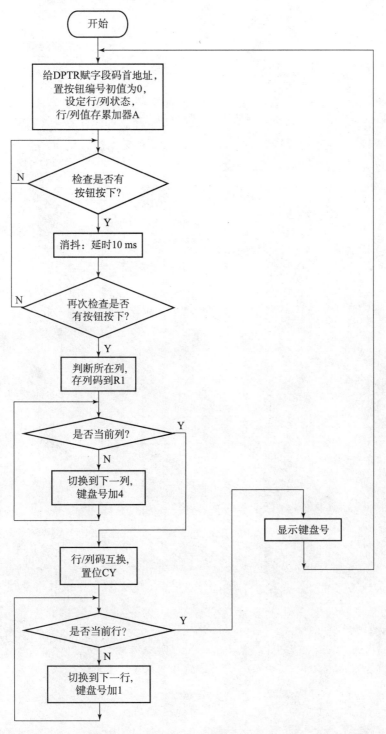

图 3-6　总流程图

```
            ORG 00H
            LJMP MAIN
            ORG 0030H
     MAIN:  MOV P0,#00H           ;字段全灭
            MOV DPTR,#TAB         ;给 DPTR 赋字段码首地址
     KAISHI:MOV R2,#0             ;R2 是按键号即键码,初值为 0
            MOV P3,#0F0H          ;给 P3 口赋行/列值
            MOV A,P3              ;行/列值存到累加器
            CJNE A,#0F0H,XIAODOU
            SJMP KAISHI
     XIAODOU:ACALL DELAY          ;消抖
            MOV A,P3
            CJNE A,#0F0H,PDLIE    ;若10 ms 后高4位仍不全为"1",说明的确有按键
                                   按下,接着判断是哪一列有按下
            SJMP KAISHI           ;是抖动,返回开始继续等待按键按下
     PDLIE: MOV P3,#0FEH          ;先给第一列置低电平,高4位仍置高电平
            MOV R1,P3             ;R1 存当前 P3 口状态,主要是存低4位列码
     PANDUAN:MOV A,P3             ;开始判断按键号
            ANL A,#0F0H           ;屏蔽低4位
            CJNE A,#0F0H,PDHANG   ;若高位不全为"1",说明按键就在当前列
            MOV A,R1
            RL A                  ;置"0"下一列,继续读取行状态
            MOV R1,A              ;R1 存当前 P3 口状态
            MOV P3,R1             ;改变 P3 口状态
            MOV A,R2              ;每切换一列扫描,按键号增加4
            ADD A,#4
            MOV R2,A
            SJMP PANDUAN          ;重复判断过程
     PDHANG:SWAP A                ;行/列码互换,开始判断按键所在行
            SETB C
     JIXU:  RRC A                 ;看行0需几次能移到 CY,即找行0位置
            JNC JIANMA            ;找到后即可确定键码
            INC R2                ;按键号增加1
            SJMP JIXU
     JIANMA:ACALL DISP            ;调显示子程序
            SJMP KAISHI
     DISP:  MOV A,R2
            MOVC A,@A+DPTR
```

```
            MOV P0,A                    ;通过并行口 P0 输出按键字段码
            RET
;*****************************
    DELAY:MOV R6,#20                    ;延时 10 ms 子程序
    DELAY1:MOV R7,#250
            DJNZ R7,$
            DJNZ R6,DELAY1
            RET
        TAB:DB
3FH,06H,5BH,4FH,66H,6DH,7DH,07H,7FH,6FH,77H,7CH,39H,5EH,79H,71H,00H
                                        ;共阴极
                                    数字 0~F、全灭字段码表
            END
```

3. 电路运行结果

在 Proteus 软件中对电路进行仿真，载入程序运行后，当有按键按下时数码显示管将有显示结果，结果如图 3-7 所示（注意观察按键的状态和对应的显示结果）。

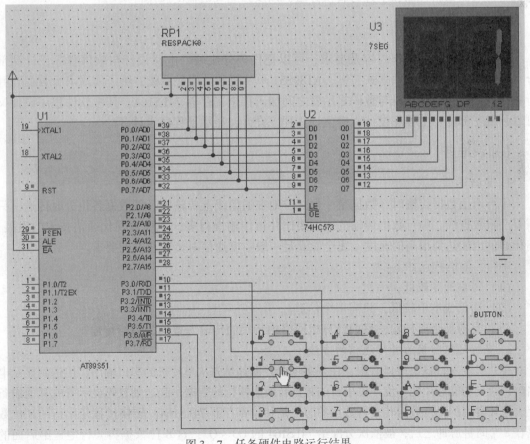

图 3-7 任务硬件电路运行结果

任务总结

实践中常用的是机械式按键,具有机械抖动过程,要采取消抖措施。

矩阵式按键的优点是使用相同数目的口线时实现的按键较多,需用扫描法等方法来识别按下的按键。

本任务也可结合 BCD 码和动态扫描将编号显示为两位十进制数字结果。

当程序较大、功能较多时,结合单片机中断系统知识利用中断请求进行键盘扫描是一种更好的方式,会大大提高单片机的工作效率。

任务二 串行输出独立式按键显示器制作

【任务描述】

用单片机连接一组独立式按键,用串行口控制数码显示管的显示结果,要求当按下某个按键后,数码显示管显示该按键的编号。在实训任务完成后,应掌握数码显示管的应用、单片机串行口的数据传输和串并行转换方法,以及独立式键盘的应用。

【任务分析】

根据本次任务的工作内容及要求,可以把任务分成硬件电路设计与软件程序设计两部分。硬件电路包括 8 位独立式按键、AT89S51 单片机和数码显示管。为了实现串行数据与并行数据的转换,在单片机与数码显示管之间加入移位寄存器 74LS164。其中软件程序设计又可以分成三部分:主程序设计,键值计算程序设计,显示子程序设计。

【知识准备】

1. 串行通信方式

串行通信数据传输时,数据是一位一位地在通信线上传输的,即数据各位分时传送,只需要一根数据线。串行数据传输的速度要比并行传输慢得多,但随着现代通信技术的发展,串行通信也能达到很高的速度,完全能满足一般数据通信对传输速度的要求。

串行传输的特点如下:

(1) 传输速度较低,一次一位。

(2) 通信成本也较低,只需一个信道。

(3) 支持长距离传输,目前计算机网络中所用的传输方式均为串行传输。

2. 串行通信转换为并行通信的方法

单片机的并行输出端口有限,在很多场合数据都是先从单片机的串口输出,传送到显示电路时再通过功能芯片把一位一位串行的数据转换成并行的数据一起送到数码显示管或其他设备上。比较常用的串行数据转并行数据的芯片是移位寄存器 74LS164。转换过程是串行的 8 位数据在 8 个时钟脉冲之后,被依次分配给 74LS164 的 Q0~Q7,这 8 位数据再并行地送给后面的电路,从而完成串行到并行数据传输的转换。移位寄存器 74LS164 的引脚图如图 3-8 所示。

3. 独立式按键

独立式按键是指直接用单根 I/O 口线构成单个按键电路。每一个按键各自单独占用一根 I/O 口线，各 I/O 口线的工作状态相互独立不受影响。独立式键盘的结构如图 3-9 中"BUTTON"部分所示，这是最简单的键盘结构形式。独立式按键的一端接地，另一端接 I/O 口线。I/O 口线可以如图中所示外接上拉电阻，这些电阻起上拉作用的同时，还在按键闭合时防止电源短路的作用。因 P1 口内部有上拉电阻，如果只是为了上拉作用，可以不接，但本电路防止短路，必须接此电阻。图中当按键 S_i 断开时，相应的数据线 $D_i=1$；当按键 S_i 闭合时，数据线 $D_i=0$。单片机通过检测各数据线的状态，就知道有无按键闭合以及哪个按键闭合。

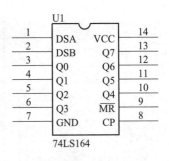

图 3-8　移位寄存器 74LS164 引脚图

任务实施

1. 串行输出独立式按键显示器的硬件电路设计

（1）按键显示器设计思路。

根据本项目的任务分析情况设计按键显示器电路，电路以单片机 AT89S51 为核心，外围电路包括一组独立式按键、数码显示管及移位寄存器 74LS164。这里的移位寄存器芯片也可选用与 TTL 电平兼容的其他型号，作用是将串口输出信号进行转换，变换成并行数据输出，这也是一种常用的串行转换并行的方法。单片机 P1 端口接 8 位独立式键盘，P3.0、P3.1 分别接移位寄存器 74LS164 的数据输入端和时钟脉冲输入端，移位寄存器的输出引脚与数码显示管的字段引脚相接。独立式按键和数码显示管采用常见型号即可。

（2）按键显示器原理图。

根据设计思路，使用 Proteus ISIS 仿真软件绘制电路图。

先按元件清单添加所需元件，元件清单见表 3-4。

表 3-4　按键显示器元件清单

元件关键字	元件名称
AT89S51	单片机
RESPACK-8	上拉电阻
BUTTON	按键
7SEG	数码显示管
74LS164	移位寄存器

本任务的硬件电路组成形式如图 3-9 所示（由 Proteus 软件构建电路并仿真，结果与实际电路完全相同）。

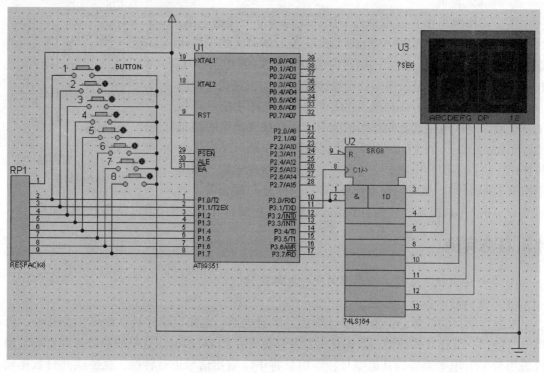

图3-9 按键显示器原理图

2. 串行输出独立式按键显示器的软件设计

主程序的编写思路：定义端口和显示数据缓冲区→数码管显示初始值→按键键值的计算→调用显示子程序显示此按键值。

（1）画流程图。

系统主程序流程图如图3-10所示。

根据程序流程图编写主程序如下：

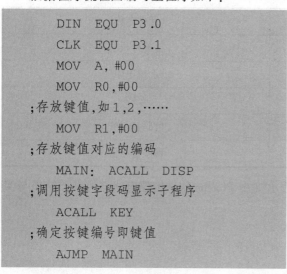

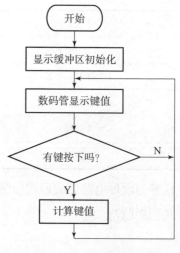

图3-10 程序总流程图

```
       DIN   EQU   P3.0
       CLK   EQU   P3.1
       MOV   A, #00
       MOV   R0,#00
;存放键值,如1,2,……
       MOV   R1,#00
;存放键值对应的编码
 MAIN: ACALL DISP
;调用按键字段码显示子程序
       ACALL KEY
;确定按键编号即键值
       AJMP  MAIN
```

(2) 程序代码。

①确定按键编号即键值的方法。

当没有键按下时，P1 端口各位的值全为高电平"1"，这样 P1 的端口值为"1111 1111B"即"0FFH"。那么如何把按键的值找出来呢？下面是查找的过程，也就是我们用来编程的算法了：

如果有一个键被按下，P1 值就不是"0FFH"了，这是可以判断是否有键按下的方法；

到底是哪一个键被按下了呢？我们把 8 个键单独按下时对应的数值按顺序放入一个表中，把 P1 值与表中的值逐一对比，直到找到与之相等的数，此数值所在的位置就是按键的键值。按键键值对应表如表 3–5 所示。

表 3–5 按键键值对应表

按键值	0（无键按下）	1	2	3	4	5	6	7	8
P1 输入值	0FFH	0FEH	0FDH	0FBH	0F7H	0EFH	0DFH	0BFH	7FH

最后，把查表所确定的键值送到一个存储单元保存起来，为下一步显示段码提供位置依据。

由以上分析，我们应采用数据传送指令中的查表指令来完成上述键值的对比查表过程，在程序代码中将按键编号即键值用 DB 指令放在表 K0TAB 中，再利用查表指令"MOVC A, @ A + DPTR"找出该按键编号。

②根据键值查表取字段码。

与前面做法类似，我们把字段码放在表 SEGTAB 中，再利用查表指令"MOVC A, @ A + DPTR"找出该按键对应的字段码。共阴极数码显示管对应显示 0 ~ 9 的字段码分别为：3FH, 06H, 5BH, 4FH, 66H, 6DH, 7DH, 07H, 7FH, 6FH。

③数据的移位输出。

在上面字段码提取程序中，按键值对应的字段码也已经找到，下一步就是把这个字段码值通过串口 P3.0 一位一位地输送出去，这些数据通过移位寄存器 74LS164 转换成并行数据送到七段数码显示管上，这样键值就显示出来了。如何把 8 位的段码逐一从 P3.0 输出呢？这里采用一种带进位的左移循环指令：RLC A。

通过图 3–11 可以看出，每执行一次该指令，段码值就会逐次移到进位标志 CY 中，我们再利用位传送指令："MOV BIT, C"（这里的 BIT 位就是 P3.0）把这位数值送出去，循环 8 次数据就传送完毕。

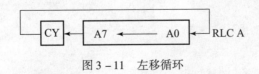

图 3–11 左移循环

```
        DISP:
              MOV    R0,A              ;显示程序,先取出字段码值
              MOV    DPTR,#SEGTAB
              MOVC   A,@A+DPTR
              MOV    R1,A
              MOV    R6,#8
        DP1:  RLC    A                 ;字段码移位输出
              MOV    DIN,C
              CLR    CLK               ;输出移位脉冲,提供给74LS164作为移位脉冲
              SETB   CLK
              DJNZ   R6,DP1
              RET
```

根据程序流程图和以上各步骤的程序思路分析,我们最终设计了如下程序代码,在Keil软件中创建*.asm文件,再编译生成能在Proteus仿真软件中运行的*.hex文件。

```
              DIN    EQU P3.0          ;定义单片机P3.0引脚
              CLK    EQU P3.1          ;定义单片机P3.1引脚
              ORG    0000H
              MOV    A,#00
              MOV    R0,#00            ;存放键值,如1,2,…
              MOV    R1,#00            ;存放键值对应的编码
        MAIN: ACALL  DISP              ;调用按键字段码显示子程序
              ACALL  KEY               ;确定按键编号即键值
              AJMP   MAIN
        KEY:  MOV    P1,#0FFH          ;键值提取程序
              MOV    A,P1
              CJNE   A,#0FFH,K00
              AJMP   KEY
        K00:  ACALL  DELAY             ;按键消抖
              MOV    A,P1
              CJNE   A,#0FFH,K01
              AJMP   KEY
        K01:  MOV    R3,#9
              MOV    R2,#00H
              MOV    B,A
              MOV    DPTR,#K0TAB
        K02:  MOV    A,R2
              MOVC   A,@A+DPTR
```

```
        CJNE    A,B,K04
K03:    MOV     A,P1
        CJNE    A,#0FFH,K03
        ACALL   DELAY           ;按键消抖
        MOV     A,R2
        RET
K04:    INC     R2
        DJNZ    R3,K02
        MOV     A,#0FFH
        AJMP    KEY
K0TAB:  DB      0FFH,0FEH,0FDH,0FBH,0F7H    ;按键编号即键值表
        DB      0EFH,0DFH,0BFH,7FH
DISP:
        MOV     R0,A            ;显示程序,先取出字段码值
        MOV     DPTR,#SEGTAB
        MOVC    A,@A+DPTR
        MOV     R1,A
        MOV     R6,#8
DP1:    RLC     A               ;字段码移位输出
        MOV     DIN,C
        CLR     CLK             ;输出移位脉冲,提供给74LS164作为
                                ; 移位脉冲
        SETB    CLK
        DJNZ    R6,DP1
        RET
SEGTAB: DB      3FH,06H,5BH,4FH,66H
        DB      6DH,7DH,07H,7FH,6FH   ;共阴极数码显示管数字0~9字段码表
DELAY:  MOV     R4,#20          ;延时10 ms子程序
AA1:    MOV     R5,#250
AA:     DJNZ    R5,AA
        DJNZ    R4,AA1
        RET
        END
```

3. 电路运行结果

在Proteus软件中对电路进行仿真,载入程序运行后,当有按键按下时数码显示管的显示结果如图3-12所示(注意观察按键的状态和对应的显示结果)。

串行输出按键
显示器运行仿真

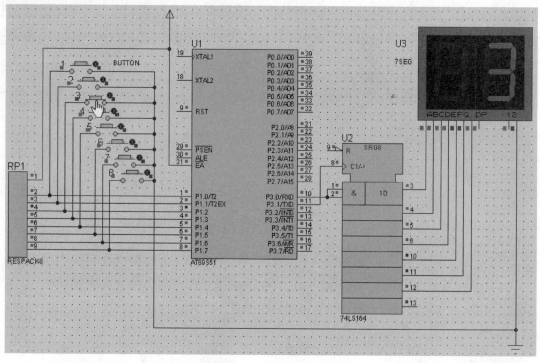

图3-12 硬件电路运行结果

任务总结

移位寄存器芯片的作用是将串口输出信号进行转换,变换成并行数据输出,这是实践中常见的一种数据转换处理方法。

独立式按键的优点是电路结构简单,但需要的口线较多。

本任务也可结合BCD码和动态扫描将编号显示为两位十进制数字结果。

遇到程序设计和运行过程中出现的问题时不要慌张,要针对具体现象具体分析,找出可能导致问题出现的原因和地方,逐渐修改运行验证,培养严谨治学的态度。

项目评价

课程名称:单片机应用技术		授课地点:		
学习任务:按键显示器的制作		授课教师:		授课学时:
课程性质:理实一体课程		综合评分:		
知识掌握情况评分(35分)				
序号	知识考核点	教师评价	配分	实际得分
1	比较循环程序的设计		5	
2	按键防抖程序的设计		10	
3	串行输出程序的编写		5	

续表

课程名称：单片机应用技术	授课地点：		
学习任务：按键显示器的制作	授课教师：		授课学时：
课程性质：理实一体课程	综合评分：		
知识掌握情况评分（35分）			
序号	知识考核点	教师评价	配分	实际得分
4	查表程序的编写		8	
5	熟练掌握 Keil 和 Proteus 的使用		7	
工作任务完成情况评分（65分）			
序号	技能考核点	教师评价	配分	实际得分
1	设计本项目中硬件电路的能力		10	
2	编写矩阵式按键识别程序及调试的能力		15	
3	能说明并行输出、串行输出按键显示器程序设计思路，读懂程序		15	
4	软件仿真、电路连接和系统调试能力		15	
5	与组员的互助合作能力		10	
违纪扣分（20分）			
序号	扣分项目	教师评价	配分	实际得分
1	学习中玩手机、打游戏		5	
2	课上吃东西		5	
3	课上打电话		5	
4	其他扰乱课堂秩序的行为		5	

练习与思考

一、填空题

1. 单片机系统中常用的按键消抖措施是_____。
2. 单片机电路中按键数目超过10个时，一般采用_____键盘更合适。这种方法比较节省_____数目。

二、选择题

1. 机械触点式按键按下时的抖动时间一般为_____。
   A. 1～10 ms   B. 50～100 μs
   C. 5～10 ms   D. 50～100 ms
2. 下面_____指令可设置 P1 口高4位为"1"，低4位为"0"。
   A. MOV P1，#0FH   B. MOV P1，#0F0H

C. MOV P1，#FFH   D. MOV P1，0F0H

三、判断题

1. 单片机电路中按键数目不超过8个时采用独立式键盘更合适。   （   ）
2. 矩阵式键盘用扫描法工作时要占用2个I/O口。   （   ）

四、简答题

1. 软件去抖的思路是什么？
2. 一个完善的键盘控制程序应该有哪些步骤？
3. 并行通信与串行通信各自的特点是什么？
4. 本项目中的芯片74LS164的作用是什么？
5. 本项目任务二中，单片机的10脚和11脚与74LS164芯片是如何连接的，各自的作用是什么？

五、综合题

1. 键盘扫描程序包括什么步骤？
2. 画出矩阵式键盘的任一种结构。

项目四

全自动洗衣机洗涤控制系统设计
——单片机定时/计数器应用

🔄 项目场景

生活中我们每当衣物脏了需要清洗的时候，最常见的情况就是借助洗衣机这种家用电器完成这个清洗过程。

🔄 需求分析

随着我国经济发展和国力增强，人民生活水平大幅提升，全自动洗衣机已经成为家庭中一种常见的日用电器，其在工作时通过进水、洗涤、漂洗、排水和甩干等环节来完成清洗过程，其中最基本的环节就是洗涤过程，并具备暂停和继续等功能以方便控制使用。

🔄 方案设计

全自动洗衣机的主要工作部件是电动机，电动机的工作状态决定了洗涤过程的状态。例如，电动机正转时，洗衣机的水流呈单方向旋转状态，而当电动机反转时，洗衣机的水流呈反方向旋转状态，电动机的正反转循环切换就形成了水流的反复旋转洗涤衣物的过程，而电动机单方向旋转的时间决定了洗涤时水流的单方向持续时间。所以，按照工作需要对电动机的旋转状态进行控制，就会实现相应的洗涤过程。

我们根据和参考了生活中实际的洗衣机工作情况，利用单片机的内部定时/计数器相关知识，结合相应硬件电路编程实现洗涤环节的工作过程。在本项目中设定了令洗衣机的电动机在洗涤过程中进行正/反两个方向的交替旋转，每个方向的旋转时间设定为3 s，这个过程由电动机两端所加的控制电平状态的相应改变而实现；并使电动机的启动和停止都可受相应的按键控制，从而具备了实际使用过程中的开始、暂停/继续和结束等三种按键功能。

相关知识和技能

1. 知识目标
（1）掌握定时/计数器的结构原理；
（2）了解定时/计数器的工作方式；
（3）了解定时/计数器的相关控制器的作用；
（4）掌握定时/计数器的计数初值的计算方法；
（5）掌握定时/计数器的定时功能的编程方法。
2. 技能目标
（1）能够使用 Keil 软件对汇编程序进行调试、编译等；
（2）能够利用 Proteus 仿真软件正确连接电路及调试；
（3）能够正确编写定时/计数器的定时程序；
（4）能够运用循环程序实现较长时间的定时过程；
（5）能够在 Proteus 仿真环境中使用示波器观测波形；
（6）能够正确编写定时器中断服务程序。

【知识准备】

1. 定时/计数器的结构原理

51 系列单片机内部含有两个定时/计数器，分别是 T0 和 T1，在增强型 51 系列单片机中，还有一个定时/计数器 T2。定时/计数器除了用于定时，也可对外部输入脉冲信号进行计数以及作为串行通信过程中的波特发生器。定时/计数器不同功能的实现本质上都是对脉冲信号的计数过程。

（1）定时/计数器结构。

单片机内部含有两个定时/计数器，分别是 T0 和 T1。T0 由两个 8 位寄存器 TH0、TL0 组成，TH0 是 T0 高 8 位，TL0 是 T0 低 8 位，如图 4-1 所示。T1 的结构与 T0 类似，它的两个高 8 位、低 8 位分别为 TH1、TL1。T0 与 T1 都是二进制加 1 计数器，即每一个脉冲来到时都能使计数器的当前值加 1，可以实现最多 16 位二进制加 1 计数过程。所以单片机内部的定时/计数器的核心是 16 位二进制加 1 计数器（TH0、TL0 或 TH1、TL1）。

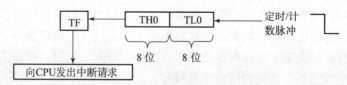

图 4-1 单片机内部定时/计数器 T0

定时/计数器的工作过程如下：
①每来一个计数/定时脉冲信号，T0（T1）的计数器会在原来的基础上加 1 计数。
②当计数值计到最大值 0FFFFH 时，计数器计满，若这时再来一个计数/定时脉冲信号，计数器会发生溢出，将 TF 置位同时计数器清零。
③计数器发生溢出后，向 CPU 发出中断请求，告诉 CPU 本次计数/定时结束，并载入

初值,开始下一轮计数/定时。

(2) 定时/计数器脉冲信号。

定时/计数器的脉冲来源有两种,一种是利用外部电路在单片机的 P3.4、P3.5 引脚输入脉冲信号,另一种是单片机晶体振荡频率的 12 分频产生的信号。

①计数器。当需要对外部信号计数时,如图 4-2 所示,开关接在下面,外部计数脉冲从单片机的 P3.4（T0）、P3.5（T1）引脚输入,每来一个脉冲,计数器将加 1 计数,直到计满产生溢出中断。

②定时器。当需要定时时,如图 4-2 所示,开关接在上面,计数或定时脉冲来自振荡器经过 12 分频后的机器周期信号。每来一个脉冲,计数器将加 1 计数,直到计满产生溢出中断。

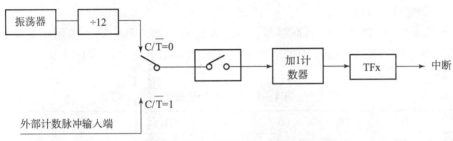

图 4-2 单片机内部定时/计数器结构图

设晶振频率为 12 MHz,则经过 12 分频后的信号,即定时脉冲信号 $T = 12 \times 1/12$ MHz = 1 μs（1 机器周期）。即定时就是每过一个机器周期,计数器加 1,直至计满溢出,定时结束。

定时器也是一种计数器,而且定时器的定时时间与晶振频率和计数次数、初值等有关。例如计数器对此信号计数 1 000 次,则定时时间为 $1\,000 \times 1$ μs = 1 ms。

2. 定时/计数器的相关寄存器

定时/计数器的相关寄存器主要有方式寄存器 TMOD 和控制寄存器 TCON。

(1) 方式寄存器 TMOD。

TMOD 为定时/计数器的工作方式控制寄存器,共 8 位,分为高 4 位和低 4 位两组,其中高 4 位用于控制 T1 的工作方式,低 4 位用于控制 T0 的工作方式。TMOD 的字节地址为 89H,不支持位操作,其格式如表 4-1 所示。

表 4-1 TMOD 的位格式

TMOD	D7	D6	D5	D4	D3	D2	D1	D0
位定义	GATE	C/$\overline{T}$	M1	M0	GATE	C/$\overline{T}$	M1	M0

GATE 为门控位,控制定时器启动操作方式,即定时器的启动是否受外部中断信号控制。当 GATE = 1 时,计数器的启停受 TRx（x 为 0 或 1,下同）和外部引脚 $\overline{INTx}$ 外部中断的双重控制,只有两者都是 1 时,定时器才能开始工作。当 GATE = 0 对,计数器的启停只受 TRx 控制,不受外部中断输入信号的控制。

C/$\overline{T}$ 为定时/计数器的工作模式选择位。C/$\overline{T}$ = 1 时,为计数器模式;C/$\overline{T}$ = 0 时,为定

时器模式。

M1、M0 为定时/计数器 T0 和 T1 的工作方式控制位，M1、M0 控制定时/计数器的工作方式如表 4-2 所示。

表 4-2 定时/计数器的工作方式控制

M1	M0	工作方式	功能说明
0	0	方式 0	13 位定时/计数方式（TH 的 8 位和 TL 的低 5 位）
0	1	方式 1	16 位定时/计数方式
1	0	方式 2	8 位自动重装初值定时/计数方式
1	1	方式 3	T0 分为两个独立的 8 位定时/计数器，T1 停止工作

（2）控制寄存器 TCON。

TCON 是定时/计数器的控制寄存器，也是 8 位寄存器，其中高 4 位用于定时/计数器，低 4 位用于单片机的外部中断。TCON 的字节地址为 88H，支持位操作，其格式如表 4-3 所示。

表 4-3 TCON 的位格式

TCON	D7	D6	D5	D4	D3	D2	D1	D0
位定义	TF1	TR1	TF0	TR0	IE1	IT1	IE0	IT0

TRx（x 为 0 或 1，下同）为定时器 T1 的启停控制位。TRx 由指令置位和复位，以启动或停止定时/计数器开始定时或计数。

除此之外，定时器的启动与 TMOD 中的门控位 GATE 也有关系。当门控位 GATE = 0 时，TRx = 1 即启动计数；当 GATE = 1 时，TRx = 1 且外部中断引脚$\overline{INTx}$ = 1 时才能启动定时器开始计数。

TFx（x 为 0 或 1，下同）为定时器的溢出中断标志位。在定时器计数溢出时，由硬件自动将 TFx 置"1"，向 CPU 请求中断。CPU 响应时，由硬件自动将 TFx 清零。TFx 的结果可用于程序查询，但在查询方式中，由于定时器不产生中断，TFx 置"1"后需在程序中用指令将其清零。

任务一　周期 60 ms 的单片机方波输出电路

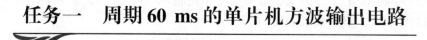

【任务描述】

用定时/计数器从单片机某引脚输出周期为 60 ms 的方波信号，即令该引脚电平定时每隔 30 ms 翻转一次（设晶振频率为 12 MHz）。

【任务分析】

前面已经说过洗衣机工作时的水流状态要由电动机旋转状态来决定，而电动机的旋转状态是由其两端所加的控制电平状态来控制的，这就需要实现对单一信号电平状态的周期性改变。在此我们先利用单片机的定时/计数器编程实现特定引脚上（本任务中选定 P0.0 引脚为工作引脚）电平状态的定时改变，为洗衣机洗涤过程的编程工作做准备。

【知识准备】

51 系列单片机具有内部定时/计数器结构部件，能实现控制电路的定时和计数功能，如电器的定时运行、生产线的产品计数等。本节主要介绍单片机内部定时/计数器的基本结构原理、控制寄存器和工作方式，学习定时/计数器的初始化和定时的编程方法。

1. 定时/计数器的工作方式

51 系列单片机的内部定时/计数器 T0、T1 具有 4 种工作方式，分别由特殊功能寄存器 TMOD 中的 M1、M0 两位的二进制编码所决定。下面分别介绍 4 种工作方式的工作原理，其中使用最多的是方式 1 和方式 2。

（1）方式 0。

当 M1M0 为 00 时，定时/计数器 T0、T1 工作方式设置为方式 0。方式 0 为 13 位的定时/计数器，由 TLx 的低 5 位和 THx 的高 8 位构成。在计数的过程中，TLx 的低 5 位溢出时向 THx 进位，THx 溢出时置位对应的中断标志位 TFx，并向 CPU 申请中断，T0 与 T1 工作在方式 0 的情况一样，下面以 T0 为例说明工作方式 0 的具体控制。T0 工作在方式 0 时的逻辑框图如图 4-3 所示。

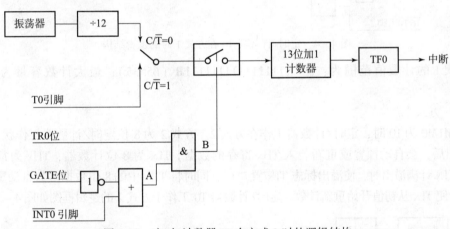

图 4-3 定时/计数器 T0 在方式 0 时的逻辑结构

当 $C/\overline{T}=0$ 时，电子开关接到上面，Tx 的输入脉冲信号由晶体振荡器经 12 分频而得到，即每一个机器周期使 T0 的数值加 1，这时 T0 作定时器用。

当 $C/\overline{T}=1$ 时，电子开关接到下面，计数脉冲是来自 T0 的外部脉冲输入端单片机 P3.4 的输入信号，P3.4 脚上每出现一个脉冲，都使 T0 的数值加 1，这时 T0 可作计数器用。

当 GATE=0 时，A 点为 "1"，B 点电位就取决于 TR0 状态。TR0 为 "1" 时，B 点为高电平，电子开关闭合，计数脉冲就能输入到 T0，允许计数。TR0 为 "0" 时，B 点为低电平，电子开关断开，禁止 T0 计数。即 GATE=0 时，T0 或 T1 的启动与停止仅受 TR0 或 TR1 控制。

当 GATE=1 时，B 点受 $\overline{INT0}$（P3.4）和 TR0 的双重控制。只有 $\overline{INT0}$=1，且 TR0 为 "1" 时，B 点才是高电平，使电子开关闭合，允许 T0 计数。即 GATE=1 时，必须满足 $\overline{INT0}$ 和 TR0 同时为 "1" 的条件，T0 才能开始定时或计数。

在方式 0 中，计数脉冲加到 13 位的低 5 位 TL0 上。当 TL0 加 1 计数溢出时，向 TH0 进位，当 13 位计数器计满溢出时，溢出中断标志 TF0 = 1，向 CPU 请求中断，表示定时器计数已溢出，一次定时结束，CPU 进入中断服务程序入口时，由内部硬件清零 TF0。

方式 0 的计数值范围为：0 ~ 1111111111111B（8191）；最大计数容量为 2^{13} = 8 192。

(2) 方式 1。

当 M1M0 为 01 时，定时/计数器工作于方式 1。方式 1 与方式 0 差不多，不同的是方式 1 的计数器为 16 位，由高 8 位 THx 与低 8 位 TLx 构成。定时/计数器 T0 工作于方式 1 的逻辑框图如图 4 - 4 所示。方式 1 的具体工作过程和控制方式与方式 0 类似，这里不再赘述。

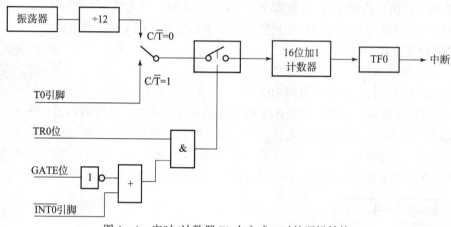

图 4 - 4　定时/计数器 T0 在方式 1 时的逻辑结构

方式 1 的计数值范围为：0 ~ 1111111111111111B（65535）；最大计数容量为：2^{16} = 65 536。

(3) 方式 2。

当 M1M0 为 10 时，定时/计数器工作在方式 2。方式 2 为 8 位定时/计数器工作状态。TLx 计满溢出后，会自动预置或重新装入 THx 寄存的数据。TLx 为 8 位计数器，THx 为常数缓冲器。当 TLx 计满溢出时，使溢出标志 TFx 置 "1"，同时将 THx 中的 8 位数据常数自动重新装入 TLx 中，使 TLx 从初值开始重新计数。定时/计数器 T0 工作于方式 2 的逻辑框图如图 4 - 5 所示。

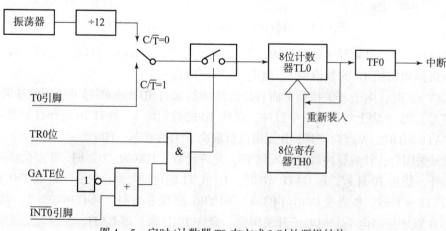

图 4 - 5　定时/计数器 T0 在方式 2 时的逻辑结构

这种工作方式可以省去用户软件重装常数的工作,简化定时常数的计算方法,可以实现相对比较精确的定时控制。方式 2 常用于定时控制。例如若希望得到 1 s 的延时,若采用 12 MHz 的振荡器,则计数脉冲周期即机器周期为 1 μs,如果设定 TL0 = 06H,C/$\overline{\text{T}}$ = 0,TL0 计满刚好为 200 μs,中断 5 000 次就能实现。另外,方式 2 还可用作串行口的波特率发生器。

方式 2 的计数值范围为:0~11111111B (255);最大计数容量为:$2^8 = 256$。

(4) 方式 3。

当 M1M0 为 11 时,定时/计数器工作在方式 3。方式 3 只适用于 T0。当 T0 工作在方式 3 时,TH0 和 TL0 分为两个独立的 8 位定时器,可使 51 系列单片机具有 3 个定时/计数器。定时/计数器 T0 工作在方式 3 时的逻辑框图如图 4-6 所示。

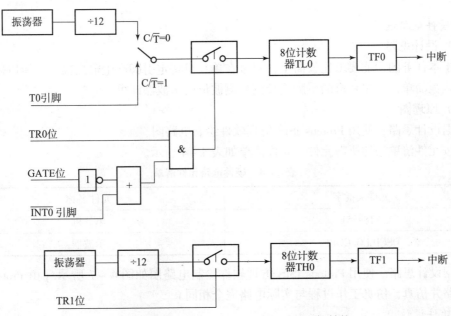

图 4-6 定时/计数器 T0 在方式 3 时的逻辑结构

此时,TL0 可以作为定时/计数器用,使用 T0 本身的状态控制位 C/$\overline{\text{T}}$、GATE、TR0、$\overline{\text{INT0}}$ 和 TF0,它的操作与方式 0 和方式 1 类似。但 TH0 只能作 8 位定时器用,不能用作计数器方式,TH0 占用 T1 的中断资源 TR1 和 TF1。在这种情况下,T1 可以设置为方式 0~2。此时定时器 T1 只有两个控制条件,即 C/$\overline{\text{T}}$、M1M0,只要设置好初值,T1 就能自动启动和记数。在 T1 的控制字 M1M0 定义为 11 时,它就停止工作。通常,当 T1 用作串行口波特率发生器或用于不需要中断控制的场合时,T0 才定义为方式 3,这样单片机内部就能多出了一个 8 位的计数器。

2. 定时/计数器的计数容量及初值

(1) 最大计数容量。

定时/计数器的最大计数容量是指最大能够计数的总量,与定时/计数器的二进制位数 N 有关,即最大计数容量 = 2^N。例如,若为 3 位计数器,则计数状态为 000、001、010、011、100、101、110、111 共 8 个状态,最大计数值为 $2^3 = 8$。

(2) 计数初值。

定时/计数器的计数不一定是从 0 开始计数,这要根据需要来设定计数的初始值。这个预先设定的计数初始值称为计数初值。有:

$$计数初值 = 最大计数容量 - 计数值$$
$$= 2^N - 定时时间/机器周期$$

其中,

$$N = \begin{cases} 13 & 方式 0 \\ 16 & 方式 1 \\ 8 & 方式 2,方式 3 \end{cases}$$

任务实施

1. 硬件电路设计

(1) 设计思路。

由于本任务的功能要求比较简单,只是在单片机特定引脚产生输出信号,所以硬件电路组成形式很简单,将单片机的引脚连接到检测波形的示波器即可。

(2) 原理图。

根据设计思路,使用 Proteus ISIS 仿真软件绘制电路图。

先按元件清单添加所需元件,元件清单如表 4-4 所示。

表 4-4 硬件电路元件清单

元件关键字	元件名称
AT89S51	单片机
OSCILLOSCOPE	示波器

根据设计思路,使用 Proteus ISIS 仿真软件绘制电路图如图 4-7 所示(由 Proteus 软件构建电路并仿真,仿真工作过程与实际电路完全相同)。

2. 软件设计

本任务的程序设计思路是利用定时器 T0 的定时功能来工作,通过置位 $\overline{EA}$、ET0 允许定时器 T0 中断,置位 TR0 启动定时器 T0 的定时/计数过程。因为所需信号的周期为 60 ms 的方波,所以只要令单片机 P0.0 引脚反复输出持续时间为 30 ms 的高/低电平即可,而对引脚电平的定时翻转可通过翻转指令 CPL 实现。

(1) 画流程图。

程序流程图如图 4-8 所示。

(2) 计算计数初值。

当定时时间为 30 ms 时,若采用定时器 T0,工作在方式 1,机器周期为 1 μs,则计数值应为

$$30 \text{ ms}/1 \text{ μs} = 30\ 000$$

所以 T0 应装入的计数初值为

$$2^{16} - 30\ 000 = 65\ 536 - 30\ 000 = 35\ 536 = 1000101011010000B = 8AD0H$$

即 TH0 = 8AH,TL0 = D0H。

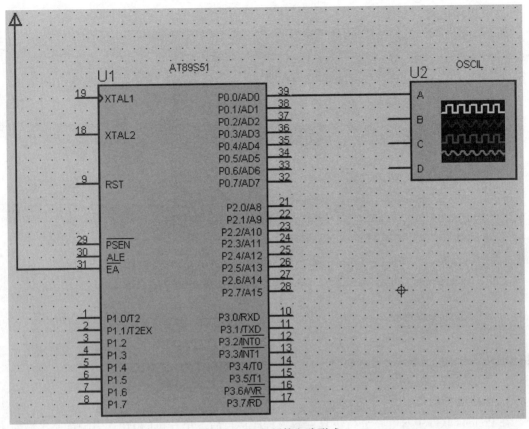

图4-7 任务硬件电路形式

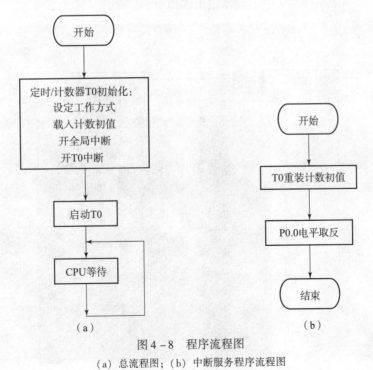

图4-8 程序流程图
(a) 总流程图;(b) 中断服务程序流程图

(3) 程序代码：

```
        ORG  0000H
        AJMP MAIN
        ORG  000BH
        AJMP ZD0        ;跳至 T0 中断入口
        ORG  0030H
MAIN:   MOV  TMOD,#01H  ;令定时器 T0 工作在方式 1
        MOV  TH0,#8AH   ;装入 T0 初值
        MOV  TL0,#0D0H
        SETB EA         ;开全局中断
        SETB ET0        ;开 T0 中断
        SETB TR0        ;启动 T0
        SJMP $          ;CPU 延时等待
        ORG  0100H
ZD0:    MOV  TH0,#8AH   ;装入 T0 初值
        MOV  TL0,#0D0H
        CPL  P0.0       ;翻转 P0.0 电平
JIXU:   RETI            ;中断服务程序结束
        END
```

3. 电路运行结果

在 Proteus 软件中对电路进行仿真，载入程序运行后，单片机的 P0.0 引脚按要求输出了所需方波信号，结果如图 4-9 中示波器输出波形所示。

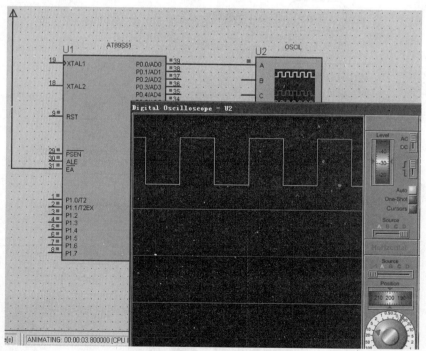

图 4-9 任务硬件电路运行结果

任务总结

定时/计数也是一种中断，属于单片机的内部中断；

在主程序中，利用"SJMP $"循环语句使单片机处于等待延时状态；

在中断服务程序中，为了下一次的定时，需要重新赋计数初值；

当程序中只用到一个中断时，可以不必对中断优先级进行设置。

任务二　电动机快速 3 s 交替旋转的控制

【任务描述】

用定时/计数器从单片机某引脚输出周期为 6 s 的方波信号，即令该引脚电平定时每隔 3 s 翻转一次（设晶振频率为 12 MHz）。

【任务分析】

本任务中的工作引脚同样选定为 P0.0 引脚。任务一的定时时间是 30 ms，可以通过在工作方式 1 中设定计数值 30 000 次完成。而本任务的定时时间 3 s 远大于 30 ms，需要的计数值 3 000 000（=3 s/1 μs）已超过了 16 位定时/计数器的最大计数容量 65 536，显然单次定时无法达到 3 s，所以只能采用多次定时累计来实现。比如可以设定单次定时时间为 30 ms，循环累计 100 次，即可实现定时 3 s。

【知识准备】

前面我们已学习了跳转指令和循环程序的设计，结合本任务要求，可以利用字节单元或通用寄存器等来存放定时/计数器单次定时的循环次数，从而实现较长时间的定时过程。

【任务实施】

1. 硬件电路设计

（1）设计思路。

由于本任务的功能要求与任务一的相似，只是要求输出信号的周期不同，所以硬件电路相同。

定时 3 s 的实现方法

（2）原理图。

根据设计思路，使用 Proteus ISIS 仿真软件绘制电路图，如图 4-7 所示。元件清单见表 4-4。

2. 软件设计

本任务中选择通用寄存器 R0 存放单次定时的循环次数 100，对应的代码语句是"MOV R0, #100"，再结合条件转移指令 DJNZ 就可以判断单次循环次数是否已达到来实现定时时间 3 s，即"DJNZ R0, JIXU"。

(1) 画流程图。

程序流程图如图4-10所示。

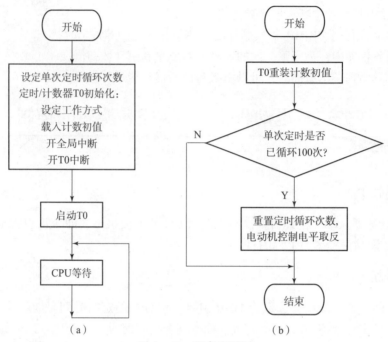

图4-10 程序流程图
(a) 总流程图；(b) 中断服务程序流程图

(2) 计算计数初值。

当定时时间为30 ms时，若采用定时器T0，工作在方式1，机器周期为1 μs，则计数值应为

$$30 \text{ ms}/1 \text{ μs} = 30\ 000$$

所以T0应装入的计数初值为：

$$2^{16} - 30\ 000 = 65\ 536 - 30\ 000 = 35\ 536 = 1000101011010000B = 8AD0H$$

即TH0 = 8AH，TL0 = D0H。

(3) 程序代码：

```
        ORG  0000H
        AJMP MAIN
        ORG  000BH
        AJMP ZD0
        ORG  0030H
MAIN:   MOV  R0,#100       ;设定单次定时循环次数为100
        MOV  TMOD,#01H     ;令定时器T0工作在方式1
        MOV  TH0,#8AH      ;装入计数初值
        MOV  TL0,#0D0H
        SETB EA            ;开全局中断
```

```
            SETB    ET0             ;开 T0 中断
            SETB    TR0             ;启动 T0
            SJMP    $
            ORG     0100H
    ZD0:    MOV     TH0,#8AH        ;重装计数初值
            MOV     TL0,#0D0H
            DJNZ    R0,JIXU         ;判断单次定时是否已达100次
            MOV     R0,#100         ;重置定时循环次数
            CPL     P0.0            ;翻转 P0.0 电平
    JIXU:   RETI                    ;中断服务程序结束
            END
```

3. 电路运行结果

在 Proteus 软件中对电路进行仿真，载入程序运行后，单片机的 P0.0 引脚按要求输出了所需方波信号，结果如图 4-11 示波器的输出波形所示。

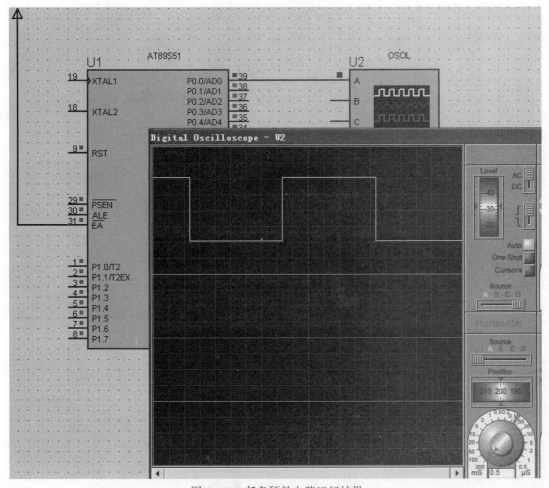

图 4-11 任务硬件电路运行结果

任务总结

当要求的总定时时间超过了定时/计数器的单次最大定时时间,即总计数值大于定时/计数器单次定时计数值时,可以考虑将单次定时时间通过多次循环而达到较长的总定时时间。

任务三　带暂停功能的洗涤过程控制

【任务描述】

设计基于如图4-12所示全自动洗衣机电路中的洗涤过程控制程序,用单片机定时/计数器的定时功能使洗衣机的电动机正转/反转周期为3 s,并具备开始、暂停/继续和停止三个按键功能(设晶振频率为12 MHz)。电路元件清单如表4-5所示。

洗涤全过程
控制仿真

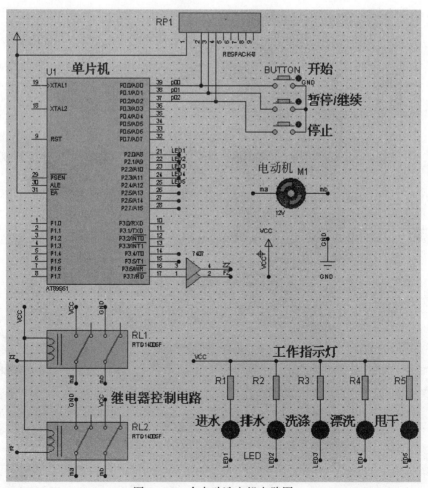

图4-12　全自动洗衣机电路图

表 4-5 电路元件清单

元件关键字	元件名称
AT89S51	单片机
RESPACK-8	上拉电阻
BUTTON	按键
RTD14005F	继电器
MOTOR	电动机
LED-RED	LED 指示灯
7407	输出缓冲器

【任务分析】

通过前面的任务一和任务二，我们已掌握利用单片机内部定时/计数器编程实现定时过程的方法，由前述已知实践中全自动洗衣机的洗涤环节工作过程的本质就是使电动机在正/反两个方向上定时反复旋转，从而驱动水流运动实现洗涤功能。而电动机的旋转状态是由与继电器控制电路相连的单片机引脚上的电平状态来控制的，我们在此结合已掌握的定时/计数器编程定时方法来实现这个过程。

【知识准备】

开始、暂停/继续和停止三种按键的相关功能需要用到控制转移指令，再结合任务二中利用定时/计数器实现较长时间定时的方法，我们就可以完成本任务所需的控制程序。其中对开始、暂停/继续和停止三个功能按键的状态判别切换可用之前学习过的条件控制转移指令 JB 来实现。

任务实施

1. 软件设计

本任务电路中由于存在多个单片机引脚分别与按键、LED 和继电器相连接，且在程序中会被多次用到，为方便编程和减少出错借助了位定义指令 BIT 在程序的开头部分将这些引脚预先定义好；而开始、暂停/继续和停止三个功能按键的状态判别切换用控制转移指令 JB 来实现。

（1）画流程图。

程序流程图如图 4-13 所示。

（2）计算计数初值。

计算方法同前，当定时时间为 30 ms 时，采用定时器 T0，工作在方式 1，机器周期为 1 μs，则计数值应为

$$30 \text{ ms}/1 \text{ μs} = 30\ 000$$

所以 T0 应装入的计数初值为

$2^{16} - 30\ 000 = 65\ 536 - 30\ 000 = 35\ 536 = 1000101011010000B = 8AD0H$

即 TH0 = 8AH，TL0 = D0H。

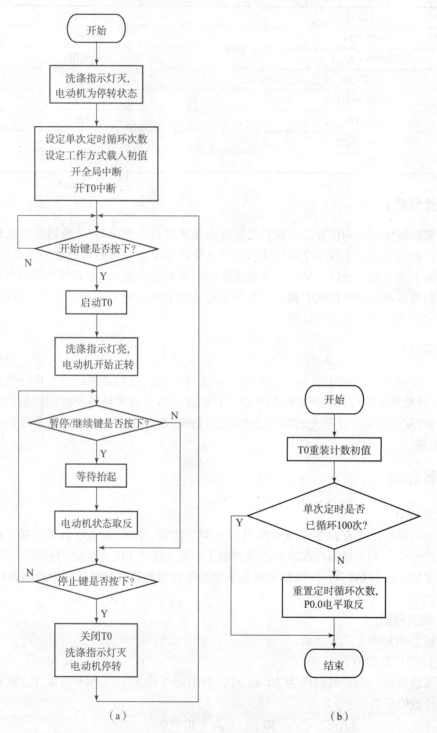

图 4-13 程序流程图
(a) 总流程图；(b) 中断服务程序流程图

项目四　全自动洗衣机洗涤控制系统设计——单片机定时/计数器应用

(3) 程序代码：

```
        START   BIT  P0.0        ;将3个按键位分别定义
        PAUSE   BIT  P0.1
        STOP    BIT  P0.2
        XDLED   BIT  P2.2        ;指示灯位定义
        XDZ     BIT  P3.6        ;正转位定义,为0时电动机正转,为1时电动机停
        XDF     BIT  P3.7        ;反转位定义,为0时电动机反转,为1时电动机停
        ORG     0000H
        LJMP    MAIN
        ORG     000BH            ;定时器T0入口
        LJMP    ZD0
        ORG     0200H
MAIN:   SETB    XDF              ;令电动机是停转状态
        SETB    XDZ
        SETB    XDLED            ;令洗涤指示灯开始时是灭的
        MOV     R0,#100          ;用100个30 ms累加到3 s
        MOV     TH0,#08AH        ;设T0初值为8AD0H即35 536,即计数30 000次,为30 ms
        MOV     TL0,#0D0H
        MOV     TMOD,#01H        ;设定T0为工作方式1
        SETB    EA               ;开中断
        SETB    ET0
WASH:                            ;洗涤过程开始
        JB      START,$          ;等待开始键按下
        SETB    TR0              ;启动定时器T0
        CLR     XDLED            ;洗涤灯亮
        SETB    XDF              ;令电动机开始正转
        CLR     XDZ
PD1:    JB      PAUSE,PD2        ;若暂停键没按下就去判断停止键状态
        JNB     PAUSE,$          ;等待暂停键抬起
        CPL     XDZ              ;令电动机一端电压取反
PD2:    JB      STOP,PD1         ;若停止键没按下就去判断暂停键状态
        CLR     TR0              ;若停止键已按下就关闭T0
        SETB    XDLED            ;洗涤LED灭
        SETB    XDF              ;令电动机停转
        SETB    XDZ
        LJMP    WASH             ;回头重新开始洗涤过程程序
ZD0:    MOV     TH0,#08AH        ;重赋T0初值
        MOV     TL0,#0D0H
```

```
        DJNZ   R0,ZD_END      ;看 R0 是否减了 100 次
        MOV    R0,#100        ;给 R0 重赋值 100
        CPL    XDF            ;令电动机反转,即电动机控制电平状态取反
        CPL    XDZ
ZD_END:
        RETI                  ;中断服务程序结束
        END
```

2. 电路运行结果

在 Proteus 软件中对电路进行仿真,载入程序运行后,电路各部分按键均能要求正常工作,结果如图 4-14 电路状态所示(注意观察按键状态和电动机、指示灯状态的变化)。

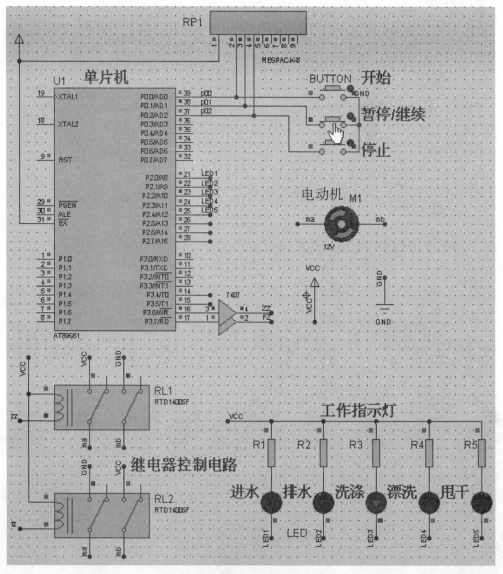

图 4-14 任务硬件电路运行结果

任务总结

要正确编写定时器 T0 中断服务程序，需要结合前面任务特别是任务二的定时 3 s 的编程方法和本任务的具体引脚信号工作要求；在主过程中还要考虑到 3 个按键的各自功能的实现，最终才能将程序正确完成。

项目评价

课程名称：单片机应用技术		授课地点：		
学习任务：全自动洗衣机洗涤控制系统设计		授课教师：		授课学时：
课程性质：理实一体课程		综合评分：		
知识掌握情况评分（35 分）				
序号	知识考核点	教师评价	配分	实际得分
1	位定义指令的使用		5	
2	条件转移指令的使用		10	
3	定时器中断初始化		5	
4	定时器中断服务程序的编写		8	
5	熟练掌握 Keil 和 Proteus 的使用		7	
工作任务完成情况评分（65 分）				
序号	技能考核点	教师评价	配分	实际得分
1	编程时对定时器初值准确计算的能力		10	
2	编写定时器定时程序及调试的能力		15	
3	编写定时器中断服务程序及调试的能力		15	
4	软件仿真、电路连接和系统调试能力		15	
5	与组员的互助合作能力		10	
违纪扣分（20 分）				
序号	扣分项目	教师评价	配分	实际得分
1	学习中玩手机、打游戏		5	
2	课上吃东西		5	
3	课上打电话		5	
4	其他扰乱课堂秩序的行为		5	

拓展提高

在实践中单片机定时/计数器的应用还有很多，如家电定时功能、LED 装饰彩灯、交通信号灯、生产线设备监控等，相关程序的设计思路都可参考本项目所述任务。

练习与思考

一、填空题

1. 若要启动定时/计数器 T0 开始计数，则应将 TR0 的值设置为_____。
2. 51 单片机内部有_____个定时器，T1 工作在方式 0 时，其定时时间为_____个机器周期；在方式 1 时定时时间又为_____个机器周期。

二、选择题

1. 若要采用定时/计数器 T0，方式 1，如何设置 TMOD _____。
   A. 00H   B. 01H   C. 10H   D. 11H
2. 单片机采用方式 0 时是 13 位计数器，它的最大定时时间是_____。
   A. 81.92 ms   B. 8.192 ms   C. 65.536 ms   D. 6.5536 ms

三、判断题

1. 8051 的两个定时/计数器 T0 和 T1 都是 16 位的计数器。（　　）
2. 定时/计数器的方式 2 具有自动装入初值的功能。（　　）

四、简答题

1. 51 单片机定时/计数器在什么情况下是定时器？什么情况下是计数器？
2. 51 单片机定时/计数器的最大定时容量、计数值和初值之间的关系是什么？

五、综合题

1. 已知 8051 单片机的晶振频率为 12 MHz，用 T0 定时。试编程由 P1.0 引脚输出周期为 10 ms 的方波。
2. 单片机系统时钟为 6 MHz，利用 T0 定时 2 ms，如何设置定时初值？

交通灯控制系统的制作——中断系统应用

🔄 项目场景

城市某主要交通路口，各种车辆在交通灯的控制下，正有条不紊地运行着，这时执勤交警接到命令，有特殊车辆要求紧急通过，交警按下紧急按钮，使两个方向路口的交通灯都变成红色，把路口让出来。特殊车辆过去后，交通灯控制系统又恢复正常工作。交通高峰时，交警发现 A 向是绿灯，可是没有车辆再通过了，可 B 向是红灯，车辆很多排起长龙，这时交警启动变换按钮，使 A 方向变成红灯，B 方向变成绿灯放行，以缓解 B 方向交通压力。

🔄 需求分析

单片机的中断控制是最常用和有效的控制方式，可以极大地提高单片机的运行效率，使系统工作更灵活，更智能化。生活中的交通灯控制系统中就利用了中断控制系统，同时各种彩灯系统也用了中断来控制。

🔄 方案设计

本项目由两个任务组成，任务一是可中断控制的流水灯系统的制作，主要使学生掌握中断设置等基本操作，为下面的复杂交通灯系统的中断控制打下基础；任务二是交通灯控制系统的制作，全方面利用了中断控制方法，给出了硬件电路的设计和程序的设计。程序包括主程序和中断服务程序两部分，通过学习可系统地掌握中断的应用技能。

🔄 相关知识和技能

1. 知识目标

（1）了解 AT89C51 单片机中断的基本概念和功能；

（2）理解中断系统的结构和控制方式；
（3）熟悉中断控制寄存器的功能；
（4）掌握中断系统的中断处理过程、外部中断的编程应用。

2. 技能目标

（1）学会中断控制字的设置方法及中断服务程序的使用方法；
（2）能够根据使用要求设置中断及编写中断程序；
（3）能设计硬件电路；
（4）能进行程序仿真及调试。

任务一　可中断控制的流水灯系统的制作

【任务描述】

彩灯系统通电后，系统执行主程序使 8 只 LED 灯连续不间断闪烁；若按一下 $\overline{INT0}$ 按钮开关则进入中断状态，8 只 LED 灯变成单灯左移；左移 3 个循环（从最左边到最右边为 1 个循环）后，恢复中断前的状态，这时 8 只 LED 继续闪烁。

【任务分析】

首先使单片机对所接 LED 灯的端口进行有延时时间的取反操作，来实现 8 只 LED 的闪烁。本任务中的 LED 灯循环闪烁控制，需在中断服务程序中完成，采用中断源 $\overline{INT0}$（P3.2），中断初始化应在产生中断请求前完成，以确定其以特定的工作方式工作。中断控制寄存器的设置方法主要是对相应寄存器进行置"1"或清"0"操作。初始化程序一般放在主程序中，与其他初始化程序放在一起完成设置。中断系统初始化一般完成以下步骤：

（1）设置堆栈指针 SP。中断一般会进行保护断点地址 PC 和保护现场数据等操作，所以应该设置较深的堆栈指针。
（2）定义中断允许控制寄存器 IE。开放 CPU 和中断相关中断源，设置 IE 中相应的位。
（3）定义中断优先级控制寄存器 IP。根据编程需要，将中断优先级寄存器 IP 中的相应位置"1"。
（4）定义外部中断的触发方式。一般设置 TCON 寄存器采用边沿触发方式。如果外中断无法使用边沿触发方式，应在硬件电路上和中断服务程序中采取撤除中断信号的措施。

【知识准备】

1. 中断的概念

中断（Interrupt）是暂时停下目前所执行的程序，先去执行特定程序，完成特定程序后，再返回执行刚才暂停的程序。例如，老师正在讲课，有同学敲门要进入教室，这时老师先暂停所讲的内容，允许同学进入后，继续讲课。

对单片机而言，中断的主要目的是为了提高其工作效率。在上面的例子中，老师若讲完课以后再允许这名同学进入,那么这名同学就会错过之前的课程,同时也会影响老师讲课,所以,采用"中断"的方法既能够保持课程进度,又能满足同学听课的要求。中断一般包括4个步骤:中断请求、中断响应、中断处理和中断返回,中断流程如图5-1所示。在中断系统中,向CPU发出中断请求的来源,或引起中断的原因称为中断源,中断源要求服务的请求称为中断请求。

中断系统是单片机的重要组成部分。实时控制、故障自动处理、通信等一般均采用中断方式。

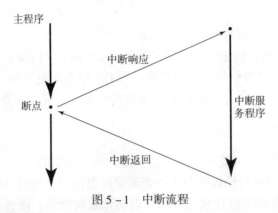

图5-1 中断流程

2. AT89C51单片机中断系统结构

AT89C51单片机的中断系统由4个特殊功能寄存器和硬件查询电路等组成,包括定时器控制寄存器TCON、串行控制寄存器SCON、中断允许控制寄存器IE和中断优先级控制寄存器IP。这些寄存器主要用于控制中断的开放和关闭、保存中断信息、设定优先级别。AT89C51单片机中断系统的结构如图5-2所示。

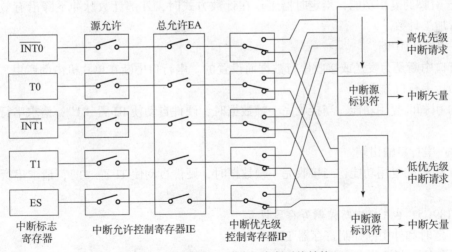

图5-2 AT89C51单片机中断系统结构

3. AT89C51单片机的中断源

AT89C51单片机一共有5个中断源,外部中断$\overline{INT0}$、外部中断$\overline{INT1}$、定时/计数器中断T0、T1和串行口中断RI、TI。它们可以分为以下3类。

(1) 外部中断。

外部中断是由外部原因（如键盘、开关和外部设备的信号输入等）所引起的中断。外部中断引脚为$\overline{INT0}$和$\overline{INT1}$，可以通过这两个引脚将中断请求信号输入单片机内。

$\overline{INT0}$：外部中断0的中断请求信号输入端。

P3.2引脚的复用功能，由定时器控制寄存器TCON的IT0位决定。当TCON寄存器中的IT0位为低电平时，中断请求信号低电平有效；当IT0位为高电平时，中断请求信号下降沿有效。当中断请求信号有效时，就向CPU提出中断请求，同时硬件会使TCON寄存器的IE0标志位置"1"。

$\overline{INT1}$：外部中断1的中断请求信号输入端。

P3.3引脚的复用功能，由定时器控制寄存器TCON的IT1位决定。当TCON寄存器中的IT1位为低电平时，中断请求信号低电平有效；当IT1位为高电平时，中断请求信号下降沿有效。当中断请求信号有效时，就向CPU提出中断请求，同时硬件会使TCON寄存器的IE1标志位置"1"。

(2) 定时/计数器中断。

定时/计数器中断是由内部定时（或计数）溢出或外部定时（或计数）溢出所引起的中断。当定时器对内部脉冲进行计数时溢出，表明定时时间到，硬件自动使TF0（TF1）位置"1"。当单片机对外部脉冲进行计数时溢出，表明计数次数到，硬件自动使TF0（TF1）位置"1"。外部计数脉冲是通过T0和T1引脚将中断请求信号输入单片机内。

T0：外部定时/计数输入端。

P3.4引脚的复用功能，当定时器工作在计数方式时，外部计数脉冲下降沿有效，定时器0进行加1计数。

T1：外部定时/计数输入端。

P3.5引脚的复用功能，当定时器工作在计数方式时，外部计数脉冲下降沿有效，定时器1进行加1计数。

(3) 串行口中断。

串行口中断是为发送或接收串行数据而设置的。串行口中断在单片机内部产生。

RXD：串行口输入端。

P3.0引脚的复用功能，当接收完一帧数据时，硬件自动使RI置"1"，请求串行口输入中断。

TXD：串行口输出端。

P3.1引脚的复用功能，当接收完一帧数据时，硬件自动使TI置"1"，请求串行口输出中断。

4. AT89C51单片机中断控制寄存器设置

(1) 定时和外中断控制寄存器TCON。

定时和外中断控制寄存器TCON位于内部RAM特殊功能寄存器区的88H单元，其主要功能是控制定时器的启动与停止，并保存T0、T1的溢出中断标志和外部中断$\overline{INT0}$、$\overline{INT1}$的中断标志，当单片机进行复位操作时，该寄存器的各位清零。TCON寄存器的结构如图5-3所示。

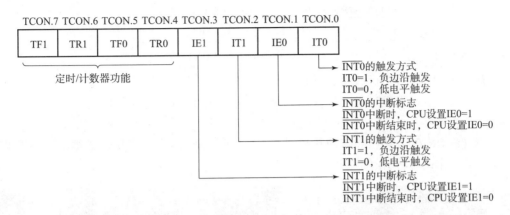

图 5-3 定时和外中断控制寄存器 TCON 的结构及功能

定时和外中断控制寄存器 TCON 各位功能如下：

①TF1（TCON.7）：T1 溢出中断请求标志位。当定时/计数器 T1 脉冲计数溢出后，CPU 内部硬件将自动将该位置"1"，向 CPU 提出中断请求。CPU 响应该中断后该位将由硬件清零，TF1 也可用软件进行状态查询或清零。

②TR1（TCON.6）：定时/计数器 T1 启动停止控制位。可用软件置"1"或清零以启动或停止 T1。

③TF0（TCON.5）：T0 溢出中断请求标志位。其意义及功能与 TF1 相似。

④TR0（TCON.4）：定时器/计数器 T0 启动停止控制位。其意义及功能与 TR1 相似。

⑤IE1（TCON.3）：外部中断$\overline{INT1}$中断请求标志。当 P3.3 引脚信号为高电平时，IE1 置"1"表示外部中断$\overline{INT1}$向 CPU 提出中断请求。CPU 响应该中断后，硬件自动将该位清零。

⑥IT1（TCON.2）：外部中断$\overline{INT1}$触发控制位。当 IT1 为高电平时，采用边沿触发方式，当$\overline{INT1}$（P3.3 引脚）上为下降沿脉冲时有效，CPU 在每个机器周期的 S_5P_2 期间对$\overline{INT1}$（P3.3 引脚）采样，当该引脚的电平出现下降沿脉冲时则认为$\overline{INT1}$提出中断请求，硬件自动将 IE1 置"1"，当 CPU 响应中断时，IE1 由硬件自动清零。为了保证 CPU 在两个机器周期内能够检测到下降沿脉冲，输入该引脚的高低电平时间至少持续 12 个时钟周期。

当 IT1 为低电平时，采用电平触发方式，当$\overline{INT1}$（P3.3 引脚）上为低电平时有效，CPU 在每个机器周期的 S_5P_2 期间对$\overline{INT1}$（P3.3 引脚）采样，若该引脚在采样时刻为低电平，则认为此时存在中断请求，硬件自动使 IE1 置"1"；若在采样时刻该引脚为高电平，则认为此时无中断请求或中断请求已撤销，硬件自动使 IE1 置"0"。当 CPU 工作在电平触发方式时，CPU 响应中断后不能自动使 IE1 清零，因此，必须在中断返回前撤销$\overline{INT1}$引脚上的低电平，否则 CPU 将再次响应中断。

⑦IE0（TCON.1）：外部中断$\overline{INT0}$中断请求标志位。其意义及功能与 IE1 相似。

⑧IT0（TCON.0）：外部中断$\overline{INT0}$触发控制位。其意义及功能与 IT1 相似。

(2) 串行控制寄存器 SCON。

串行控制寄存器 SCON 位于内部 RAM 特殊功能寄存器区的 98H 单元中，与中断有关的是其低两位 TI 和 RI。SCON 寄存器的结构如图 5-4 所示。

SCON.7	SCON.6	SCON.5	SCON.4	SCON.3	SCON.2	SCON.1	SCON.0
SM0	SM1	SM2	REN	TB8	RB8	TI	RI

图 5-4 串行控制寄存器 SCON 的结构

①TI（SCON.1）：串行口发送中断请求标志位。当 CPU 将一个发送数据写入串行接口发送缓冲器时，启动发送过程，每发完一个串行帧，硬件自动将 TI 置"1"请求串行口发送中断。

②RI（SCON.0）：串行口接收中断请求标志位。当允许串行口接收数据时，每接收完一个串行帧，由硬件将 RI 位置"1"。

注意：这两个标志位在 CPU 响应中断后，硬件无法自动使其清零，需要用软件清零。有关串行控制寄存器 SCON 其他位的意义及功能将在后续章节叙述。

（3）中断允许控制寄存器 IE。

中断允许控制寄存器 IE 位于内部 RAM 特殊功能寄存器区的 A8H 单元中，CPU 可以通过中断允许控制寄存器 IE 对中断系统的所有以及某个中断进行开放或关闭控制。IE 寄存器可以通过软件对某位进行设置，若 IE 某位置"1"，则说明开放相应中断，简称为开中断；若 IE 某位清零，则说明关闭相应中断，简称为关中断。CPU 复位时，IE 各位清零，关闭所有中断。中断允许控制寄存器 IE 的结构如图 5-5 所示。

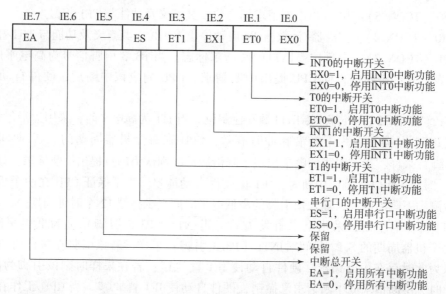

图 5-5 中断允许控制寄存器 IE 的结构及功能

中断允许控制寄存器 IE 各位的功能如下：

①EA（IE.7）：CPU 中断允许控制位。当 EA=1 时，CPU 开放所有中断；当 EA=0 时，CPU 关闭所有中断。该位相当于所有中断的总开关，若要开放某个中断，必须先使 EA 置"1"后，才能再开放这个中断；当 EA 清零时，将关闭所有中断源。

②ES（IE.4）：串行口中断允许控制位。当 ES=1 时，串行口开中断；当 ES=0 时，串行口关中断。

③ET1（IE.3）：定时/计数器 T1 中断允许控制位。当 ET1＝1 时，T1 开中断；当 ET1＝0 时，T1 关中断。

④EX1（IE.2）：外部中断$\overline{INT1}$中断允许控制位。当 EX1＝1 时，$\overline{INT1}$开中断；当 EX1＝0 时，$\overline{INT1}$关中断。

⑤ET0（IE.1）：定时/计数器 T0 中断允许控制位。当 ET0＝1 时，T0 开中断；当 ET0＝0 时，T0 关中断。

⑥EX0（IE.0）：外部中断$\overline{INT0}$中断允许控制位。当 EX0＝1 时，$\overline{INT0}$开中断；当 EX0＝0 时，$\overline{INT0}$关中断。

（4）中断优先级控制寄存器 IP。

AT89C51 单片机有两个中断优先级，可实现二级中断服务嵌套。每个中断源的优先级都由中断优先级控制寄存器 IP 管理，一个中断源对应一位，如果对应位置设定"1"，则该中断源为高优先级；若为"0"，则对应中断源为低优先级。该寄存器位于内部 RAM 特殊功能寄存器区的 B8H 单元中。中断优先级控制寄存器 IP 的结构如图 5-6 所示。

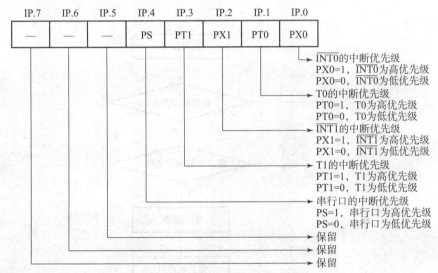

图 5-6 中断优先级控制寄存器 IP 的结构及功能

中断优先级控制寄存器 IP 各位的功能如下：

①PS（IP.4）：串行口中断优先级控制位。当 PS＝1 时，串行口中断为高优先级；当 PS＝0 时，串行口中断为低优先级。

②PT1（IP.3）：T1 中断优先级控制位。当 PT1＝1 时，T1 中断为高优先级；当 PT1＝0 时，T1 中断为低优先级。

③PX1（IP.2）：$\overline{INT1}$中断优先级控制位。当 PX1＝1 时，$\overline{INT1}$中断为高优先级；当 PX1＝0 时，$\overline{INT1}$中断为低优先级。

④PT0（IP.1）：T0 中断优先级控制位，控制方法与 PT1 相同。

⑤PX0（IP.0）：$\overline{INT0}$中断优先级控制位，控制方法与 PX1 相同。

当几个中断源在 IP 寄存器相应位置同为"1"或"0"，向 CPU 请求中断时，CPU 通过内部查询电路首先响应自然优先级较高的中断源的中断请求。其自然优先级由硬件规定，顺序由高到低排列如下：

$\overline{INT0} \rightarrow TF0 \rightarrow \overline{INT1} \rightarrow TF1 \rightarrow RI/TI$

由于 IP 寄存器的设定，将 5 个中断源分为两个级别。对同时发生多个中断申请时，中断优先级的处理将遵循下面基本原则：

a. 不同优先级的中断同时申请，先处理高级中断后处理低级中断。

b. 处理低优先级中断的同时若接到高级别中断，则打断当前低级中断，CPU 转而处理高级中断，处理完后，返回继续执行低级中断。

c. 处理高优先级中断时又接到低级别中断，则 CPU 不响应低级中断。

5. 中断处理过程

中断处理过程一般包括 4 个步骤：中断请求、中断响应、中断处理和中断返回，中断处理过程流程如图 5-7 所示。当单片机需要进行中断处理时，首先会向 CPU 提出中断请求；CPU 接到满足条件的中断请求后，将响应该中断请求并将 PC 寄存器的断点保护起来；完成保护后，CPU 将中断入口地址送入 PC 完成现场保护并进入中断处理过程；中断处理结束后，中断处理过程恢复现场并返回。

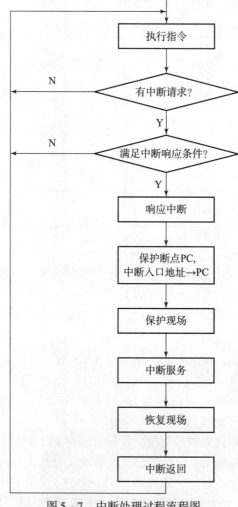

图 5-7 中断处理过程流程图

6. 中断请求

当某个中断源需要 CPU 进行中断服务时，就会向 CPU 发出一个中断请求信号，表示请求 CPU 转至该中断程序处继续执行。

当单片机 P3.2 或 P3.3 引脚输入高电平且中断允许控制寄存器 IE 允许中断时，表示外部中断$\overline{INT0}$或$\overline{INT1}$提出中断请求，硬件电路将使定时和外中断控制寄存器 TCON 的中断请求标志位 IE0 或 IE1 置"1"，该位一直保持到 CPU 响应中断后清零。

若使用内部中断，则由硬件电路将定时和外中断控制寄存器 TCON 相应中断请求标志位置"1"。当 CPU 在每个时钟周期的 S_5P_2 期间查询到该位置"1"时，则表示该中断源发出中断请求，CPU 响应中断后由硬件电路将该位清零。

若要使用串行口中断，则由硬件电路将串行控制寄存器 SCON 的 TI 或 RI 位置"1"，表示串行口中断发出中断请求。CPU 在响应该中断后，硬件电路并不能使该标志位清零，必须使用软件使 TI 或 RI 位清零。

7. 中断响应

当 CPU 查询到中断标志的某一位置"1"时，将会判断其是否满足中断响应条件，若满足条件则对中断源的请求做出响应并做好中断处理前的准备工作，如保护断点和把程序转向中断服务程序的入口地址。

(1) 中断响应条件。

若要响应中断请求，必须先满足以下中断响应条件：

①中断源请求中断。

②中断允许控制寄存器 IE 全部开中断，EA = 1，对应中断源开中断。

③中断源处于当前中断优先级的最高级。

④当前指令已经执行完毕。

⑤正在执行的指令不是 RETI 指令或者是访问 IE、IP 的指令，否则必须再执行另外一条指令后才能响应。如果正在执行 RETI 指令，则牵涉到前一个中断断点地址问题，必须等待前一个中断返回后，再响应新中断；若是执行访问 IE、IP 的指令，则有可能改变中断允许开关状态和中断优先级次序状态，必须要求 IE、IP 确定后才能控制执行中断响应。

(2) 中断响应操作。

在满足中断响应的条件情况下，CPU 将响应中断，并进行以下操作：

①保护断点 PC。CPU 响应中断是中断原来执行的程序，转而执行中断服务程序。中断服务程序执行后还要返回断点处继续执行原来的程序。因此，必须把断点的 PC 地址记录下来，以便使中断服务程序正确返回。保护断点的方法是由硬件（不是软件）自动执行一条 LCALL 指令，将程序计数器 PC 的现有内容压入堆栈保存，再将中断服务程序的入口地址送入 PC。

②撤除该中断源的中断请求标志。CPU 是在执行每条指令的最后一个机器周期查询中断请求标志位是否存在，因此，当 CPU 响应中断后必须将其撤除，否则中断返回后将重复响应该中断而使程序的执行发生错误。一般中断请求标志会在 CPU 响应中断后自动撤除，但有些中断请求标志需使用软件进行撤除。

③关闭同级中断。当 CPU 在响应一种中断后，同一优先级的中断即被暂时屏蔽，待中断返回后，这些中断重新自动开启。

④将相应的中断入口地址送入 PC。AT89C51 单片机的 5 个中断源入口地址如表 5-1 所示。

表 5-1　AT89C51 单片机中断源入口地址

中断源	中断入口地址	中断源	中断入口地址
$\overline{INT0}$	0003H	T1	001BH
T0	000BH	串行口	0023H
$\overline{INT1}$	0013H		

表 5-1 中的中断入口地址是程序存储器的地址，中断源的入口地址分别是 0003H、000BH、0013H、001BH、0023H。由于单片机顺序执行程序，而每两个相邻的中断入口地址之间又只有 8 个字节的存储空间，不足以满足中断服务程序的空间要求，所以一般经常在这 8 个字节中放置 "LJMP XXXXH" 指令跳转至特定的中断服务程序，然后在 XXXXH 及以后单元中提供真正的服务程序，如图 5-8 所示。

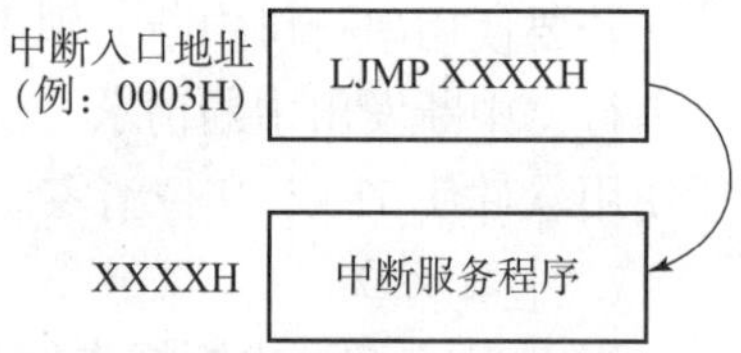

图 5-8　中断入口地址跳转

中断入口地址的设置是应需要而设，如果要使用某个中断，就在其中断入口地址所对应的存储单元中设置中断操作时所执行的指令。中断入口地址的设置需要使用 "ORG" 伪指令来定位，例如 "ORG 03H" 指令代表其下一条指令将存放于 03H 单元中，而 03H 单元正是 $\overline{INT0}$ 的中断入口地址。

8. 中断处理

当 CPU 响应中断后就会进入中断处理过程执行中断服务程序，从入口地址处开始执行程序，直到返回（RETI）指令为止，中断处理主要包含以下 3 个过程。

（1）保护现场。

在中断服务程序中，经常会使用一些特殊功能寄存器，如 ACC、PSW 和 DPTR 等，而这些特殊功能寄存器在中断前保存的数据在返回主程序后仍要使用。如果在中断服务程序中改变了这些寄存器的内容就会在返回主程序后出错。因此，有必要在中断前保存这些寄存器内的数据，等中断服务程序结束后再恢复。

保护现场指的就是将断点处的某些寄存器的内容压入堆栈进行保护，以便在中断返回时还原这些寄存器的内容。

（2）执行中断服务程序。

执行中断程序是中断的最终目的，在中断服务程序中完成中断服务程序指定的操作。

（3）恢复现场。

与保护现场相对应，在中断返回前，应将进入中断服务程序之前保护的寄存器内容从堆栈中弹出，送回原有相关寄存器，以便在断点返回后继续执行原来的程序。

9. 中断返回

中断的最后一条指令是返回指令 RETI。RETI 指令将使中断服务程序结束，并返回断点处继续执行主程序。

在 RETI 指令执行后主要进行以下操作：将中断响应时压入堆栈的断点地址（中断前的 PC 值）从栈顶弹出送至 PC，CPU 从原来断点处继续执行主程序。

不能使用 RET 指令代替 RETI 指令，因为 RET 指令只有将 PC 弹出栈的操作，而没有清零中断优先级状态触发器的功能，中断系统会认为中断仍在进行，而不会响应同级中断。

如果在中断服务程序中使用了入栈指令，在中断返回前应将入栈的数据弹出，使堆栈指针 SP 与保护断点后的值相同。

10. 中断请求的撤除

当 CPU 响应某个中断请求后，在中断返回前应撤除该中断请求，否则会引起再次中断，不同中断请求的撤除方法不同。

（1）定时器溢出中断请求的撤除。

CPU 在响应中断后，硬件电路会自动撤除中断请求标志 TF0 或 TF1。

（2）串行口中断的撤除。

在 CPU 响应中断后，硬件电路不能自动清除中断请求标志 TI 或 RI，而要使用软件清除响应的标志。

（3）外部中断的撤除。

外部中断采用边沿触发方式时，CPU 响应中断后，硬件电路会自动清除中断请求标志 IE0 或 IE1。外部中断采用电平触发方式时，CPU 响应中断后，硬件电路会自动清除中断请求标志 IE0 或 IE1。但由于加到 $\overline{INT0}$ 和 $\overline{INT1}$ 引脚的外部中断请求信号并未撤除，中断请求标志 IE0 或 IE1 会再次被置"1"，所以 CPU 响应中断后应立即撤除 $\overline{INT0}$ 或 $\overline{INT1}$ 引脚上的低电平。

🔄 任务实施

1. 外部中断控制系统硬件电路设计

（1）彩灯外部中断控制系统元件表。

首先按元件清单添加所需元件，元件清单如表 5 – 2 所示。

表 5 – 2　外部中断电路元件清单

元件关键字	元件名称
AT89C51	单片机
CRYSTAL	晶振
BUTTON	按钮
LED – RED	红色发光二极管
CERAMIC33P	33 pF 电容
MINELECT22U16V	22 μF 电解电容
MINRES10K、MINRES330R	电阻（10 kΩ、330 Ω）

（2）绘制外部中断控制彩灯系统电路图。

使用 Proteus ISIS 仿真软件绘制电路图。本项目要求使用外部中断控制 LED 灯，根据要求，首先使 AT89C51（或 AT89S51）单片机的 P2 口连接 8 个 LED，采用低电平点亮方式，即当P2口的某个引脚输出低电平时，该引脚所连接的LED点亮；接着，在$\overline{INT0}$（P3.2引脚）接一个10 kΩ的上拉电阻，让该引脚保持高电平，另外再在该引脚上接一个按钮开关作为外部中断$\overline{INT0}$的中断输入，具体控制系统电路如图5-9所示。

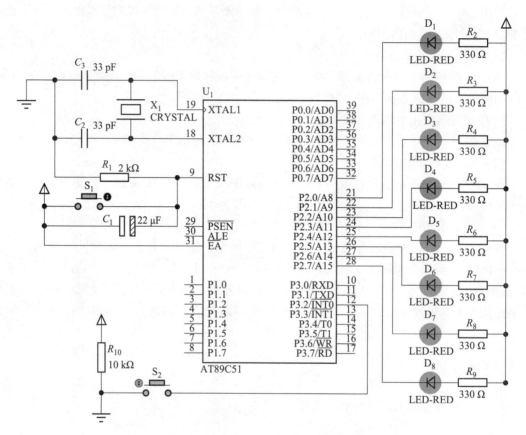

图5-9 外部中断控制流水灯系统电路图

2. 软件程序设计

（1）中断初始化程序设置。

根据任务情况，将$\overline{INT0}$开中断，并设置为高优先级中断，其余中断源屏蔽，并设置外部中断的触发方式为边沿触发，则相关中断控制寄存器的设置情况分别为：

①TCON设置。

由于本任务只使用了一个外部中断源，所以仅设置TCON的低4位，根据要求，外部中断0为边沿触发，则IT0设置为"0"，具体指令为：

MOV TCON,#00H　　（或 CLR IT0）

②IE设置。

本任务需要开总中断和一个外部中断，其余中断源屏蔽，则EA（总中断允许位）、EX0（$\overline{INT0}$允许位）设置为"1"，其余位均设置为"0"，具体指令为：

MOV IE,#81H　　（或 SETB EA；SETB EX0）

③IP设置。

本任务仅需设置$\overline{INT0}$为高优先级，其余中断源设置为低优先级，则PX0设置为"1"，

其余位均设置为"0",具体指令为:
MOV IP, #01H （或 SETB PX0）

(2) 主程序与中断服务程序流程图。

在正常情况下,依次顺序循环执行主程序中的指令,主程序为 8 只 LED 灯的同时闪烁状态;当$\overline{INT0}$外接按钮按下后,进入中断服务程序,即单灯左移控制状态,同时,设置中断向量$\overline{INT0}$,$\overline{INT0}$中断向量的入口地址为 0003H,中断后需要进入单灯左移 3 个循环中断服务程序($\overline{INT0}$中断服务子程序),主程序和中断服务子程序的流程如图 5-10 所示。

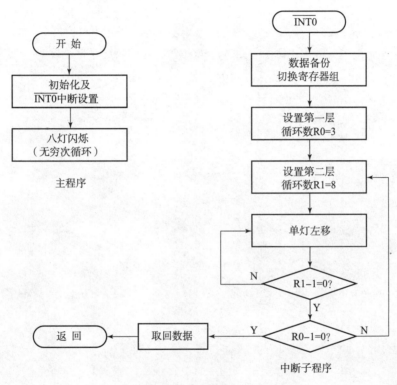

图 5-10 外部中断控制程序流程图

(3) 外部中断控制软件程序设计。

程序主要思路为:首先初始化$\overline{INT0}$中断,包括设置中断入口地址、开 IE 寄存器中的总中断控制位 EA 和$\overline{INT0}$中断控制位 EX0,另外再将堆栈指针移至安全位置(30H);接下来主程序调用延时子程序实现 8 只 LED 灯的闪烁功能,当$\overline{INT0}$(P3.2 引脚)出现电平下降沿触发则进入中断服务程序;在中断服务程序中,首先将主程序的数据入栈,包括程序状态字寄存器 PSW 和累加器 ACC,然后将 RS0 置"1"使寄存器组切换到第 1 组寄存器,以避免返回主程序时发生错误。在中断服务程序中使用寄存器组中的 R0 和 R1 寄存器作为程序循环计数器,先以 R1 为计数器使 LED 灯从最左边到最右边移动点亮 8 次,再以 R0 为计数器循环 3 次,循环后返回主程序。

编写程序如下:

```
            ORG   0000H
            LJMP  MAIN          ;跳过中断向量设置进入主程序
            ORG   0003H          ;设置INT0中断向量入口地址
            LJMP  INT_0          ;跳转至外部0中断子程序
    MAIN:   MOV   IE, #81H       ; EA=1, EX0=1, 开中断
            MOV   SP, #30H       ;设置堆栈指针
            SETB  IT0            ;采用下降沿有效触发信号
            MOV   A, #00H        ;将ACC设置为00000000B,灯全灭
    LOOP:   MOV   P2, A          ;在P2口输出A的内容
            CALL  DELAY          ;调用延时子程序
            CPL   A              ;将A的内容取反,灯全亮
            LJMP  LOOP
;***************中断服务程序*********************************
    INT_0:  PUSH  PSW            ;将PSW入栈,保护现场
            PUSH  ACC            ;将ACC入栈,保护现场
            SETB  RS0            ;切换到第1组寄存器
            MOV   R0, #03H       ;设置循环次数为3
    LOOP0:  MOV   A, #0FEH       ;初始化LED状态为11111110B
            MOV   R1, #08H       ;设置LED左移次数为8
    LOOP1:  MOV   P2, A          ;在P2口输出A的内容
            CALL  DELAY          ;调用延时子程序
            RL    A              ;将A的内容左移
            DJNZ  R1, LOOP1      ;跳转至LOOP1,左移8次
            DJNZ  R0, LOOP0      ;跳转至LOOP0,形成3个循环
            POP   ACC            ;ACC出栈,恢复现场
            POP   PSW            ;PSW出栈,恢复现场
            RETI                 ;中断服务程序结束,返回主程序
;***************0.1s延时子程序*********************************
    DELAY:  MOV   R7, #200
    D1:     MOV   R6, #250
            DJNZ  R6, $
            DJNZ  R7, D1
            RET
            END
```

3. 程序仿真与调试

(1) 将编译后的单片机程序（*.hex）加载到Proteus的单片机中，如图5-11所示。

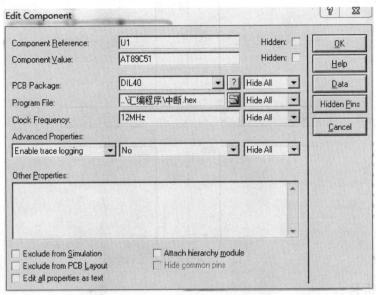

图 5-11 在 Proteus 中为单片机加载 .hex 文件

(2) 单击 Proteus 软件左下角的仿真启动按钮 ，观看仿真运行效果。
(3) 若仿真效果与任务描述存在差异，进行硬件或软件的修改，直到达到设计要求为止。

任务总结

本任务主要完成中断初始化设置的相关内容，了解中断入口地址及中断执行的过程，为后续的任务打下坚实的基础。

任务二　交通灯控制系统的制作

【任务描述】

使用 LED 模拟交通灯信号，利用逻辑电平开关控制，设计交通灯控制系统。任务描述如下：
(1) A 车道与 B 车道交叉组成十字路口，A 是主道，B 是支道，如图 5-12 所示；正常情况下，A、B 两车道轮流放行。
(2) A 车道放行 26 s，绿灯常亮 20 s，绿灯闪烁 3 s，黄灯常亮 3 s。
(3) B 车道放行 16 s，绿灯常亮 10 s，绿灯闪烁 3 s，黄灯常亮 3 s。
(4) 交通高峰期间，交通灯控制系统可使用手控开关人工改变信号灯的状态。
(5) 交通高峰期间，当 B 车道放行时，若 A 车道有车而 B 车道无车，按下手控开关可使 A 车道放行 15 s。
(6) 交通高峰期间，当 A 车道放行时，若 B 车道有车而 A 车道无车，按下手控开关可使 B 车道放行 15 s。
(7) 有紧急车辆通过时，按下开关可使 A 车道和 B 车道均为红灯，禁行 15 s。

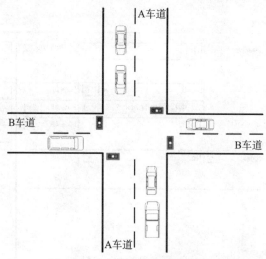

图 5-12 交通灯控制系统示意图

【任务分析】

（1）建立交通灯控制状态表，列出任务描述的所有控制状态时交通灯的控制编码。

（2）编制一个 0.5 s 的延时子程序，若某交通灯需要点亮 10 s 时，就调用 20 次这个 0.5 s 的延时子程序；若某交通灯闪烁 3 s，则调用这个延时子程序 6 次，并且每次调用时，把连接这个交通灯的引脚取反一次，来实现闪烁功能。

（3）设置两个外部中断，作为紧急车辆通行和有车车道放行的中断请求来源，并编写相应中断服务程序。

任务实施

1. 交通灯控制系统硬件电路设计

（1）首先按元件清单添加所需元件，元件清单如表 5-3 所示。

表 5-3 交通灯控制系统电路元件清单

元件关键字	元件名称
AT89C51	单片机
CRYSTAL	晶振
BUTTON	按钮
LED - RED	红色发光二极管
LED - GREEN	绿色发光二极管
LED - YELLOW	黄色发光二极管
CERAMIC33P	33 pF 电容
MINELECT22U16V	22 μF 电解电容
MINRES10K、MINRES330R	电阻（10 kΩ、330 Ω）
MINRES2K	电阻 2 kΩ
XOR	异或门电路
NOT	非门电路

(2) 交通灯控制系统电路图设计。

使用 Proteus ISIS 仿真软件绘制电路图,如图 5-13 所示。

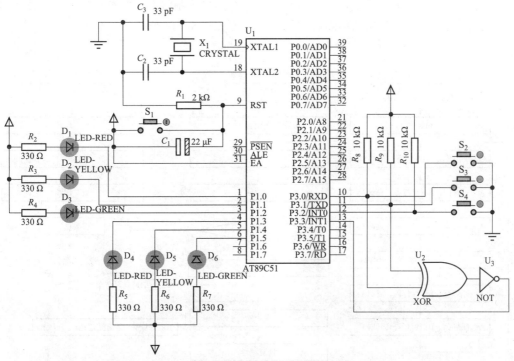

图 5-13 交通灯控制系统硬件电路图

2. 交通灯控制系统软件程序设计

(1) 交通灯控制状态表。

在交通正常和高峰期间,A、B 两车道的 6 只信号灯 (A 道红、黄、绿灯和 B 道红、黄、绿灯) 共有 5 种状态,如表 5-4 所示。

表 5-4 交通灯控制状态表

控制 状态	P1 口 输出	P1.7 未用	P1.6 未用	P1.5 B道 绿灯	P1.4 B道 黄灯	P1.3 B道 红灯	P1.2 A道 绿灯	P1.1 A道 黄灯	P1.0 A道 红灯
A道绿灯亮 B道红灯亮	0F3H	1	1	1	1	0	0	1	1
A道黄灯亮 B道红灯亮	0F5H	1	1	1	1	0	1	0	1
A道红灯亮 B道绿灯亮	0DEH	1	1	0	1	1	1	1	0
A道红灯亮 B道黄灯亮	0EEH	1	1	1	0	1	1	1	0
A道红灯亮 B道红灯亮	0F6H	1	1	1	1	0	1	1	0

121

在正常情况下,依次顺序循环执行主程序中的指令,主程序包括交通灯的 6 种控制状态。在交通高峰期间,开关控制信号通过外部中断输入,根据中断响应条件,选择执行相应的中断服务程序。有车车道放行的中断服务程序有两种控制状态,紧急车辆的中断服务程序只有一种控制状态,主程序和中断服务程序的流程如图 5-14 所示。

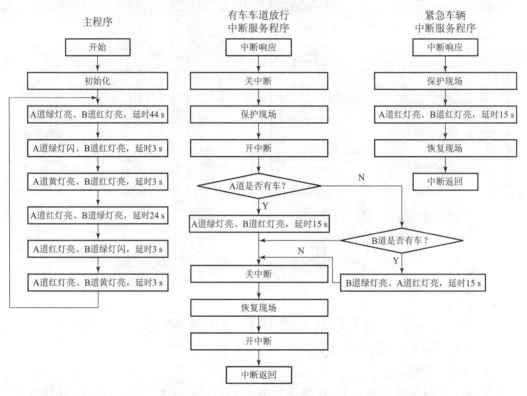

图 5-14 交通灯控制系统程序流程图

(2) 交通灯控制系统软件程序设计。

参考程序如下:

```
            ORG   0000H
            LJMP  MAIN
            ORG   0003H
            LJMP  INT_0      ;转向紧急车辆中断服务程序
            ORG   0013H
            LJMP  INT_1      ;转向有车车道放行中断服务程序
            ORG   0030H
    MAIN:   SETB  PX0        ;设置INT0中断为高优先级
            CLR   PX1        ;设置INT1中断为低优先级
            MOV   TCON,#00H  ;采用电平有效触发信号
            MOV   IE,#85H    ;EA=1,EX1=1,EX0=1,开中断
```

```
LOOP:  MOV    P1,#0F3H      ;A道绿灯亮,B道红灯亮
       MOV    R1,#40        ;A道20 s延时
AP1:   LCALL  DELAY
       DJNZ   R1,AP1
       MOV    R1,#6         ;绿灯闪烁3 s
AP2:   CPL    P1.2          ;A道绿灯闪烁
       LCALL  DELAY
       DJNZ   R1,AP2
       MOV    P1,#0F5H      ;A道黄灯亮,B道红灯亮
       MOV    R1,#6         ;黄灯亮3 s
AP3:   LCALL  DELAY
       DJNZ   R1,AP3
       MOV    P1,#0DEH      ;A道红灯亮,B道绿灯亮
       MOV    R1,#20        ;B道10 s延时
BP1:   LCALL  DELAY
       DJNZ   R1,BP1
       MOV    R1,#6         ;绿灯闪烁3 s
BP2:   CPL    P1.5          ;B道绿灯闪烁
       LCALL  DELAY
       DJNZ   R1,BP2
       MOV    P1,#0EEH      ;A道红灯亮,B道黄灯亮
       MOV    R1,#6         ;黄灯亮3 s
BP3:   LCALL  DELAY
       DJNZ   R1,BP3
       SJMP   LOOP          ;跳至LOOP循环
;****************** 紧急车辆放行中断服务程序 *********************
INT_0: PUSH   ACC           ;将A的内容压入堆栈保存,保护现场
       MOV    A,P1          ;将中断前P1的状态保存在A中
       MOV    P1,#0F6H      ;A道红灯亮,B道红灯亮
       MOV    R2,#30        ;15 s延时
DELAY0:LCALL  DELAY
       DJNZ   R2,DELAY0
       MOV    P1,A          ;将中断前P1的状态重新送回P1
       POP    ACC           ;将A的内容从堆栈中取出,现场恢复
       RETI                 ;返回主程序
;****************** 有车车道放行中断服务程序 *********************
```

```
INT_1:PUSH  ACC              ;将A的内容压入堆栈保存,保护现场
     MOV   A,P1              ;将中断前P1的状态保存在A中
     JNB   P3.0,AP0          ;A道无车,则转向判断B道
     MOV   P1,#0F3H          ;A道绿灯亮,B道红灯亮
     SJMP  DEL1
 AP0:JNB   P3.1,EXIT         ;B道无车
     MOV   P1,#0DEH          ;A道红灯亮,B道绿灯亮
DEL1:MOV   R3,#30            ;15 s延时
NEXT:LCALL DELAY
     DJNZ  R3,NEXT
EXIT:MOV   P1,A              ;将中断前P1的状态重新送回P1
     POP   ACC               ;将A的内容从堆栈中取出,现场恢复
     RETI                    ;返回主程序
;*******************0.5s延时子程序*************************
DELAY:MOV   R4,#20
 LP1:MOV   R5,#50
 LP2:MOV   R6,#248
     NOP
 LP3:DJNZ  R6,LP3
     DJNZ  R5,LP2
     DJNZ  R4,LP1
     MOV   R4,#20            ;(注:每次执行完延时子程序后R4的值都为0,中断返回
后如果断点位置在R4赋初值指令之后则R4的初始值将变为255,导致延时变长,重新对R4
赋值可以解决该问题,R5、R6因为对延时时间影响较小,可不重新赋值)
     RET                     ;返回主程序
     END
```

3. 交通灯控制系统仿真与调试

（1）将编译后的单片机程序（*.hex）加载到Proteus的单片机中，如图5-15所示。

（2）单击Proteus软件左下角的仿真启动按钮▶，观看仿真运行效果，如图5-16所示。

（3）观察交通灯能否按规则正常运行，在Proteus下方可以观察系统运行时间。如图5-17所示。

（4）观察按下S_2和S_3后的现象，是否实现为通行高峰车道优先放行的效果。

（5）观察按下S_4后，A、B两车道是否都为红灯，实现为紧急车辆让行的效果。

（6）观察当先按下S_2或S_3之后再按下S_4的现象，再观察以相反顺序操作按钮后的现象，理解优先级的功能及规则。

项目五 交通灯控制系统的制作——中断系统应用

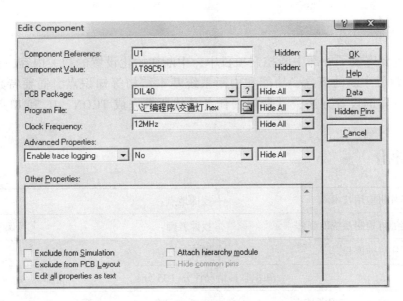

图 5-15 在 Proteus 中为单片机加载 .hex 文件

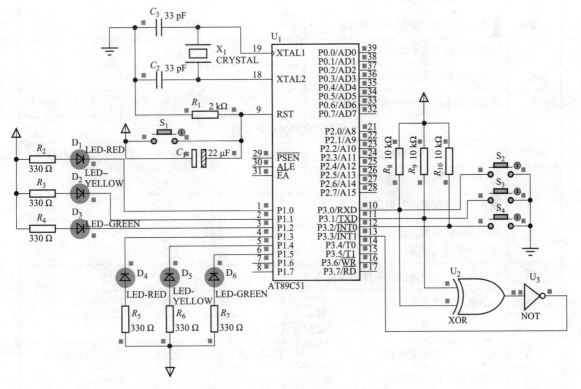

图 5-16 交通灯控制系统仿真效果图

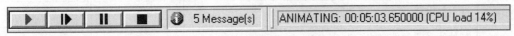

图 5-17 查看系统仿真运行时间

任务总结

本任务主要完成了外部中断控制项目中，中断初始化设置的相关内容，重点介绍了 AT89C51 单片机中断的概念、功能和中断系统基本结构等知识点，需要特别注意的是中断控制寄存器的设置方法，学会根据任务具体要求完成 TCON、IE 和 IP 等寄存器的设置。

项目评价

课程名称：单片机应用技术		授课地点：		
学习任务：交通灯控制系统的制作		授课教师：		授课学时：
课程性质：理实一体课程		综合评分：		
知识掌握情况评分（35 分）				
序号	知识考核点	教师评价	配分	实际得分
1	中断、中断源的概念		5	
2	中断入口地址、中断寄存器功能		10	
3	中断初始化程序的编写		5	
4	中断服务程序的编写		8	
5	熟练掌握 Keil 和 Proteus 的使用		7	
工作任务完成情况评分（65 分）				
序号	技能考核点	教师评价	配分	实际得分
1	设计本项目中硬件电路的能力		10	
2	编写中断控制程序及调试的能力		15	
3	能说明彩灯中断、交通灯控制系统程序设计思路，读懂程序		15	
4	软件仿真、电路连接和系统调试能力		15	
5	与组员的互助合作能力		10	
违纪扣分（20 分）				
序号	扣分项目	教师评价	配分	实际得分
1	学习中玩手机、打游戏		5	
2	课上吃东西		5	
3	课上打电话		5	
4	其他扰乱课堂秩序的行为		5	

项目五 交通灯控制系统的制作——中断系统应用

练习与思考

一、选择题

1. 当外部中断请求的信号方式为脉冲方式时，要求中断请求信号的高电平状态和低电平状态都应至少维持（　　）。
   A. 1 个机器周期　　　　　　　　　B. 2 个机器周期
   C. 4 个机器周期　　　　　　　　　D. 10 个晶振周期

2. 51 单片机在同一优先级的中断源同时申请中断时，CPU 首先响应（　　）。
   A. 外部中断 0　　　　　　　　　　B. 外部中断 1
   C. 定时器 0 中断　　　　　　　　　D. 定时器 1 中断

3. 51 单片机的外部中断 1 的中断请求标志是（　　）。
   A. ET1　　　　　　　　　　　　　B. TF1
   C. IT1　　　　　　　　　　　　　D. IE1

4. 51 单片机同一级别的中断：定时/计数器 0（T0）、定时/计数器 1（T1）、外部中断 0（$\overline{INT0}$）、外部中断 1（$\overline{INT1}$）同时产生时，CPU 响应中断的先后顺序是（　　）。
   A. $\overline{INT0}$→$\overline{INT1}$→T0→T1　　　　　B. $\overline{INT0}$→T0→$\overline{INT1}$→T1
   C. T0→$\overline{INT0}$→T1→$\overline{INT1}$　　　　　D. T0→T1→$\overline{INT0}$→$\overline{INT1}$

5. 当外部中断 0 中断请求被 CPU 响应后，PC 自动被 CPU 装入的中断源中断入口地址是（　　）。
   A. 0003H　　　　　　　　　　　　B. 000BH
   C. 0013H　　　　　　　　　　　　D. 001BH

二、填空题

1. 中断是指计算机暂时停止执行_____，转而响应_____，并在_____完成后自动返回执行_____的过程。

2. 外部中断 $\overline{INT0}$ 的触发方式有_____方式和_____方式，依据 TCON 中的_____位区分。

3. 51 单片机的中断允许控制寄存器 IE 的内容为 83H，CPU 将响应的中断源是_____和_____。

4. 若（IP）= 00010001B，则优先级最高者为_____，最低者为_____。

5. 如果某 51 单片机系统的定时/计数器 0 的中断服务程序放在程序存储区的 3000H 地址开始的一段空间内，此时跳转到定时/计数器 0 的中断服务程序的指令"LJMP 3000H"应放在_____开始的中断地址区。

三、判断题

1. 中断处理过程分为 2 个阶段，即中断响应和中断处理。　　　　　　　　（　　）
2. 中断的矢量地址位于 RAM 区中。　　　　　　　　　　　　　　　　（　　）
3. 中断服务程序的最后一条指令是 RET。　　　　　　　　　　　　　　（　　）
4. 在中断响应阶段 CPU 一定要做如下两项工作：保护断点和给出中断服务程序入口地址。　　　　　　　　　　　　　　　　　　　　　　　　　　　　　（　　）
5. 中断优先级控制寄存器 IP 是用来安排各中断源的优先级的，是自动分配的，无法设

定优先级。   (   )

四、简答题

1. 什么是中断？中断系统的功能和特点有哪些？
2. 请简述 MCS–51 系列单片机的中断源和自然优先级。
3. 外部中断触发方式有几种？它们的特点是什么？
4. 中断处理过程包括几个阶段？
5. 请简述中断响应的过程。

项目六

音乐播放器的制作——综合实训

项目场景

门铃的乐曲声悠扬响起,孩子飞快打开房门,他知道爸爸回来了。在他生日的时候,爸爸总会送给他心爱的生日礼物。这次,爸爸说还送一张音乐电子贺卡。孩子打开电子贺卡,"祝你生日快乐"的音乐声瞬间充满了小屋……

需求分析

音乐芯片是一种简单的语音电路,在生活中广泛应用于各种电子新产品中,它通过内部的振荡电路,再外接少量分立元件,就能产生各种音乐信号,音乐芯片是语音集成电路的一个重要分支,目前广泛用于音乐电子贺卡、电子玩具、音乐蜡烛、电子钟、电子门铃、家用电器等场合。本项目第一个任务要完成的项目与生活中的应用相同,当客人来访按下门铃按钮时,以单片机为核心的电子音乐门铃发出悦耳的流行音乐,提示主人有人来访。

方案设计

本项目首先要完成门铃(音乐芯片)的制作,然后在音乐门铃的基础上增加控制按钮,修改程序,做出音乐芯片播放器,可以多首歌曲联唱、可以循环播放、可以选择播放、可以自由停止等操作,实现平时使用的音乐播放器的功能。发展和创新是生活和工作的永恒主题。

常用的音乐芯片由以下几个部分组成:

①音符节拍存储器 ROM(用于存储音乐的频率和延迟数据);

②频率发生器(用于产生指定频率的方波振荡输出,若无法停止输出则直接输出超声波即可);

③延迟计数器(用于控制该频率输出多长时间,到了延时时间后,触发 PC 计数器加 1,

从 ROM 读取下一个节拍）。

它的工作原理为：

①从 ROM 中读取频率和延迟数据。

②将频率数据送入频率发生器，再将延迟数据送入延迟计数器。

③等待延迟计数器计数定时至设定时间，此时频率发生器再持续输出指定的频率。

④触发 PC 指针加 1，读取下一个节拍数据。

⑤当遇到两个 0FFH 时，停止返回到开始处，避免读取到其他胡乱数据。

门铃作为家居常用的电子产品，广泛应用于我们的生活之中。传统的门铃声音单一，即使采用音乐提示，往往也存在音乐单调的问题。由于电子音乐门铃具有铃声悦耳动听、价格低廉、耗电少等优点，在现代家居中的应用越来越流行。有了电子音乐门铃，再有客人来拜访时，听到的将不再是单调的提示等候音，而是不同凡响的流行音乐旋律、特效音等个性化的电子声乐。

本项目主要采用单片机的定时/计数功能及中断功能来完成音乐的音高和节奏的模仿，通过扬声器把音乐播放出来。最后再通过判断单片机的 I/O 端口的输入值情况，自由选择单片机中的音乐进行播放。本项目实施中的任务主要分以下两部分进行。

①门铃（音乐芯片）的制作；

②音乐播放器的制作。

相关知识和技能

1. 知识目标

（1）掌握单片机定时/计数器的设置；

（2）熟悉单片机的中断入口地址；

（3）理解音乐中的音调、节拍实现的方法；

（4）掌握 IE 寄存器和 IP 寄存器的功能；

（5）掌握常用元器件的特性和测试方法；

（6）掌握单片机中断初始化程序的编写。

2. 技能目标

（1）能够灵活运用单片机定时器初始值设置和中断系统；

（2）能够使用 Keil 软件对汇编程序进行调试、编译等；

（3）能够利用 Proteus 仿真软件正确连接电路及调试；

（4）能够根据项目要求熟练进行分支结构程序的编写；

（5）能够根据项目要求进行各相关寄存器的设置；

（6）能够灵活运用单片机查表指令进行程序的编写；

（7）能够进行中断服务程序的编写；

（8）具备解决综合问题的能力。

【知识准备】

1. 中断初始化程序设计

中断初始化程序就是对单片机的中断系统进行一些基本的设置。包括：对中断允许寄存器 IE 的设置，这里面有总允许 EA 和各中断源允许位的设置，相应位置"1"就是允许，清零就是禁止中断；对中断优先级寄存器 IP 的设置，相应位是"1"表示该中断请求为高级，相应控制位是"0"表示优先级为低级；对特殊功能寄存器 TCON 中的中断请求触发方式进行设置，主要是 IT0 和 IT1，设为"0"时为低电平触发，设为"1"时为下降沿触发方式。

```
SETB  IT0
SETB  EA
SETB  EX0
```

也可以直接对中断相关寄存器进行操作，如：

```
MOV  TCON, #01H
MOV  IE, #81H
```

2. 中断服务程序设计

在编制中断服务程序时应注意以下几点：

（1）中断服务程序的第一条指令必须安排在相应的中断入口地址。如果中断服务程序有一定长度，在本中断的入口地址到下一个中断的入口地址间写不完，则中断服务程序的第一条指令应该是转移指令，例如外部中断 0 申请中断时，外部中断 0 的入口地址是 0003H，所以中断入口的程序为：

```
ORG  0003H
LJMP  INT0
……
```

这样 INT0 具体安排在程序存储器的哪个地方，就可以自由选择了。

本项目的中断方式我们采用定时器 T1 中断请求方式，由于定时器 T1 的中断入口地址为 001BH，所以中断程序入口的程序为：

```
ORG  001BH
LJMP  MUSIC1
……
```

如果中断程序语句很少，也可以直接写在入口地址处。如下面程序所示：

```
    ORG  0000H
    LJMP  MIAN
    ORG  001BH        ;定时器 T1 中断入口地址
    MOV  TH1, R1      ;重装定时器 T1 初始值
    MOV  TL1, R0
    CPL  P1.0         ;P1.0 定时取反,输出音符对应频率的方波
    RETI
    ORG  100H
MAIN:……
```

(2) 由于中断产生是随机的，所以对程序中的公共单元，必须在中断服务程序开始处，采用堆栈进行保护，即入栈。中断服务程序返回前再出栈，注意要符合"先进后出"的原则。

```
例如：PUSH  ACC
     PUSH  B
     PUSH  P0
     ……
     POP   P0
     POP   B
     POP   ACC
```

(3) 中断服务程序必须以 RETI 结束，因为 RETI 指令有两个功能：第一，将断点地址弹回 PC 指针，以保证能继续原来的程序；第二，开放同级中断，以便允许同级中断源请求中断。

任务一　门铃（音乐芯片）的制作

【任务描述】

本任务所要完成的工作是单片机音乐门铃的制作。音乐是由音调和节拍构成的，音调的高低用音符（音阶）表示，每个音符由相应频率的振动产生（即音频），而节拍表达的是声音持续的时间。我们就是利用单片机产生不同周期的脉冲信号来模拟音频信号，进而驱动小扬声器发出不同的音调，再利用延时来控制发音时间的长短，即可控制节拍，把乐谱中的音符和相应的节拍变换成单片机定时常数和程序的延时常数，做成数据表格存放在存储器 ROM 中。由程序指令查表得到定时常数和延时常数，分别用以控制定时器产生脉冲的频率和发出该频率脉冲的持续时间，这样一首动听的音乐就播放出来了，可以作为门铃使用。

【任务分析】

本任务主要应用前面所学的单片机定时/计数器系统及中断系统中的相关知识，并把两者有机结合起来，来解决一些实际问题，拓宽单片机技术的应用范围。在项目实施中重点关注定时器定时初值获得的方法，定时器中断服务程序的编写，音乐结束的判定等。根据门铃（音乐芯片）制作的任务描述要求，把任务的实施分解成如下几个部分：

单片机还原出音乐的基本方法

(1) 在门铃系统电路硬件设计中，采用单片机作为系统控制核心，把单片机并行输出端口的某一位进行音乐信号输出，扬声器驱动电路采用普通的发射极晶体管放大电路，把扬声器作为此电路的负载。其他电路仍然是使单片机可以工作的最小系统。

(2) 制作出音符所对应的频率对照表、定时器定时初值、节拍延时时间表。

(3) 编制定时器中断初始化程序及歌曲数据表。
(4) 编制系统程序及软硬件仿真调试。

【知识准备】

1. 音乐与频率之间的关系

音乐是由音调和节拍构成的，音调的高低用音符（音阶）表示，每个音符由相应频率的振动产生（即音频），而节拍（节奏）表达的是声音持续的时间。在音乐中，C 调是最基本的音调，其他音调都可以由 C 调移调完成，所以我们从 C 调开始研究通过编程实现电子发声的方法。

(1) C 调的各音符与频率的对应关系。

由于音乐由音符组成，不同的音符是由相应频率的振动产生，产生不同的音频需要有不同固定周期的脉冲信号，这样我们就能用单片机发出固定周期的方波模拟出音频信号了。长期的实践，人们已经总结出音符与频率的固定关系，以 1 = C 为例，C 调下的各音符与频率之间的关系如表 6 – 1 所示。

表 6 – 1　C 调各音符与频率对照表

低音	1	2	3	4	5	6	7
频率/Hz	262	294	330	349	392	440	494
中音	1	2	3	4	5	6	7
频率/Hz	523	587	659	698	784	880	987
高音	1	2	3	4	5	6	7
频率/Hz	1 046	1 174	1 318	1 396	1 567	1 760	1 975

注意看一下表 6 – 1 几个 6（La）的频率，它们是整数，容易看出规律——它们之间是 2 倍的关系。其他的音符，也有同样的规律。这些频率，如 220 Hz、440 Hz、880 Hz、1 760 Hz 等，它们在琴键上的位置以及频率是世界统一的，无论是钢琴、手风琴，还是电子琴，都是一样的。

(2) 各音调与 C 调音符之间的转换。

生活中的音乐除了 C 调之外，还有很多音调，下面是常用的音调与 C 调之间的关系，如表 6 – 2 所示。

表 6 – 2　C 调与其他音调之间的关系

音调＼音符	Do	Re	Mi	Fa	So	La	Si
C	1	2	3	4	5	6	7
D	2	3	#4	5	6	7	#1（高）
bE	#2	4	5	#5	#6	1（高）	2（高）
E	3	#4	#5	6	7	#1（高）	#2（高）
F	4	5	6	#6	1（高）	2（高）	3（高）

续表

音调\音符	Do	Re	Mi	Fa	So	La	Si
G	5	6	7	1（高）	2（高）	3（高）	#4（高）
A	6	7	#1（高）	2（高）	3（高）	#4（高）	#5（高）
bB	#6	1	2	#2	4	5	6
B	7	#1（高）	#2（高）	4（高）	#5（高）	#6（高）	#7（高）

注：bE 指比 E 调降半音，#1 指比 C 调的 1 升半音，以此类推。

例如：如果乐曲是 D 调，那么 D 调的 1（Do）就是 C 调的 2（Re），频率按 C 调的 2（Re）来设置。其他的音调以此类推，按表 6-2 中所给数据进行转换。

2. 音乐节拍

(1) 拍子。

在音乐中，时间被分成均等的基本单位，每个单位叫作一个"拍子"或称一拍。拍子的时值是以音符的时值来表示的，一拍的时值可以是四分音符（即以四分音符为一拍），也可以是二分音符（以二分音符为一拍）或八分音符（以八分音符为一拍）。拍子的时值是一个相对的时间概念，比如当乐曲的规定速度为每分钟 60 拍时，每拍占用的时间是一秒，半拍是二分之一秒；当规定速度为每分钟 120 拍时，每拍的时间是半秒，半拍就是四分之一秒，依此类推。

(2) 小节。

音乐总是由强拍和弱拍交替进行的，这种交替不能杂乱无章、任意安排，而是按照一定的规律构成最小的节拍组织 1 小节，然后以此为基础循环往复。比如，当两个强拍之间只有 1 个弱拍时称作"二拍子"，2/4 节拍就是这种类型；当两个强拍之间有 2 个弱拍时称作"三拍子"，像 3/4 和 3/8；两个强拍之间有三个弱拍称"四拍子"，常见的是 4/4。两个小节之间用小节线"｜"隔开。

(3) 音乐节拍

音乐节拍是指强拍和弱拍的组合规律，具体是指在乐谱中每一小节的音符总长度，常见的 1/4、2/4、3/4、4/4、3/8、6/8、7/8、9/8、12/8 拍等，每小节的长度是固定的。一首乐曲的节拍是作曲时就固定的，不会改变。一首乐曲可以是由若干种节拍相结合组成的。

1/4 拍：1/4 是指四分音符为一拍，每小节 1 拍。

2/4 拍：2/4 拍是指四分音符为一拍，每小节 2 拍，可以有 2 个四分音符，强、弱。

3/4 拍：3/4 拍是指四分音符为一拍，每小节 3 拍，可以有 3 个四分音符，强、弱、弱。

4/4 拍：4/4 拍是指四分音符为一拍，每小节 4 拍，可以有 4 个四分音符，强、弱、次强、弱。

下面就是我们在单片机编程过程中，要用到的音乐中的节拍数与编程中对应的节拍码对照表，如表 6-3 所示。

表6-3 节拍与节拍码的对照

节拍码	节拍数	节拍码	节拍数
1	1/4 拍	1	1/8 拍
2	2/4 拍	2	1/4 拍
3	3/4 拍	3	3/8 拍
4	1 拍	4	1/2 拍
5	1 又 1/4 拍	5	5/8 拍
6	1 又 1/2 拍	6	3/4 拍
8	2 拍	8	1
A	2 又 1/2 拍	A	1 又 1/4 拍
C	3 拍	C	1 又 1/2 拍
F	3 又 3/4 拍		

假使 1/4 拍延时 200 ms，那么 2/4 拍即半拍就调用 200 ms 程序 2 次，延时 400 ms；1 拍就调用 4 次，延时 800 ms；2 拍就调用 8 次，延时 1 600 ms，以此类推。1/8 拍的情况与 1/4 拍的类似，只是时间短些。由于长期实践积累，现在音乐上常用的 187 ms 对应 1/4 拍。下面的编程，也是以 187 ms 作为延时的基本单位。

任务实施

1. 门铃（音乐芯片）硬件电路的设计

（1）门铃电路设计思路。

根据本项目的任务分析情况设计门铃电路，电路以 AT89C51 为控制核心，外围电路包括最小系统和扬声器驱动电路。这里的扬声器可选用小功率扬声器，也可以用蜂鸣器代替。驱动电路的核心就是一个共射极的晶体管放大电路，把扬声器作为晶体管的负载。这里选择用 NPN 型的三极管 9013 作为放大器件，基极电阻采用 10 kΩ 的小功率电阻。基极电阻过小会造成三极管放大电路饱和，使扬声器音量和音质都下降。

（2）门铃电路原理图。

根据设计思路，使用 Proteus ISIS 仿真软件绘制电路图，门铃电路的原理图如图 6-1 所示。

① 先按元件清单添加所需元件，元件清单见表 6-4。

表6-4 音乐门铃电路元件清单

元件关键字	元件名称	元件关键字	元件名称
AT89C51	单片机	CERAMIC33P	33 pF 电容
CRYSTAL	晶振	MINELECT22U16V	22 μF 电解电容
BUTTON	按钮	MINRES10K、MINRES2K	电阻（10 kΩ、2 kΩ）
NPN	NPN 型三极管	SPEAKER	扬声器

②音乐门铃电路的原理图，如图6－1所示。

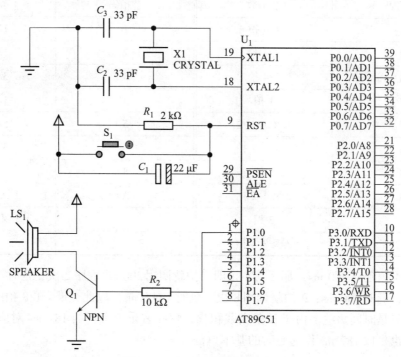

图6－1 音乐门铃电路原理图

2．门铃（音乐芯片）系统软件设计

（1）定时器初值的计算。

用单片机播放音乐，或者弹奏电子琴，实际上是按照特定的频率，输出一连串的方波。根据本任务知识链接中介绍，我们知道音符与频率的关系如表6－1所示。频率的倒数$1/f$是周期T，单片机要输出一定周期的方波，应该在此频率对应的半周期$T/2$时，将输出值取反。单片机利用定时功能来完成这半个周期的定时，首先设置正确的定时初始值，从初始值开

门铃系统软硬件
联合调试及制作

始计数定时，当计数到最大允许值时，单片机定时器发出中断请求，运行中断服务程序来实现取反操作。单片机继续定时，半个周期后再发出中断请求运行中断服务程序实现继续取反操作，完成音符对应的频率输出。问题的关键是如何确定半周期所对应的定时初始值，下面就是确定此定时半个周期所需初值的计算方法。

假设我们采用的晶振是12 MHz，这时定时器每计数一次所需要的时间就是1 μs。如果要产生频率为587 Hz的音频脉冲时，其音频脉冲信号的周期$T = 1/587 = 1\ 704$ μs，半周期的时间为852 μs，因此只要令计数器计数为852，在每计数852次时将I/O口反相，就可得到C调中音2（Re）。如果定时/计数器采用工作方式1进行定时，则C调中音2（Re）的定时计数初值为：

$$T_c = 65\ 536 - 852 = 64\ 684 = 0FCACH$$

计数脉冲值与频率的关系如下：

$$N = F_1 \div 2 \div F_2$$

式中　N——计数值；

　　F_1——晶振为 12 MHz 时，单片机内部计时一次为 1 μs，故其频率为 1 MHz；

　　F_2——要产生的频率。

计数值 T_c 的求法为：

$$T_c = 65\,536 - N = 65\,536 - F_1 \div 2 \div F_2$$

计算举例：设 $K = 65\,536$，$F = 1\,000\,000 = F_1 = 1$ MHz，求低音 Do（262 Hz）、中音 Do（523 Hz）、高音 Do（1 046 Hz）的计数值。

$T_c = 65\,536 - N = 65\,536 - F_1 \div 2 \div F_2 = 65\,536 - 1\,000\,000 \div 2 \div F_2 = 65\,536 - 500\,000 \div F_2$

低音 Do 的 $T = 65\,536 - 500\,000/262 = 63\,628$

中音 Do 的 $T = 65\,536 - 500\,000/523 = 64\,580$

高音 Do 的 $T = 65\,536 - 500\,000/1\,046 = 65\,059$

综上所述，C 调各音符频率与定时器计数初值 T_c 的对照表如表 6-5 所示。

表 6-5　C 调各音符频率与计数初值 T_c 对照表

音符	频率/Hz	T_c	十六进制数	音符	频率/Hz	T_c	十六进制数
低 1Do	262	63 628	F88CH	#4Fa	740	64 860	FD5CH
#1Do	277	63 731	F8F3H	中 5So	784	64 898	FD82H
低 2Re	294	63 835	F95BH	#5So	831	64 934	FDA6H
#2Re	311	63 928	F9B8H	中 6La	880	64 968	FDC8H
低 3Mi	330	64 021	FA15H	#6La	932	64 994	FDE2H
低 4Fa	349	64 103	FA67H	中 7Si	988	65 030	FE06H
#4Fa	370	64 185	FAB9H	高 1Do	1046	65 059	FE23H
低 5So	392	64 260	FB04H	#1Do	1109	65 085	FE3DH
#5So	415	64 331	FB4BH	高 2Re	1175	65 110	FE56H
低 6La	440	64 400	FB90H	#2Re	1245	65 134	FE6EH
#6La	466	64 463	FBCFH	高 3Mi	1318	65 157	FE85H
低 7Si	494	64 524	FC0CH	高 4Fa	1397	65 178	FE9AH
中 1Do	523	64 580	FC44H	#4Fa	1480	65 198	FEAEH
#1Do	554	64 633	FC79H	高 5So	1568	65 217	FEC1H
中 2Re	587	64 684	FCACH	#5So	1661	65 235	FED3H
#2Re	622	64 732	FCDCH	高 6La	1760	65 252	FEE4H
中 3Mi	659	64 777	FD09H	#6La	1865	65 268	FEF4H
中 4Fa	698	64 820	FD34H	高 7Si	1976	65 283	FF03H

注：由于计算过程中的四舍五入问题，计算出的初值有微小的误差，不影响音乐的效果。

(2) 定时器初始化及中断服务程序。

本程序采用定时器 T1 以方式 1 工作，产生各音符对应的频率方波，由 P1.0 输出驱动小扬声器播放音乐。

定时器初始化程序：

```
MOV    TMOD, #10H       ;定时器T1工作在方式1定时功能
MOV    IE, #88H         ;中断EA总允许,定时器T1中断(ET1)允许
```

定时器中断服务程序：

```
ORG    001BH            ;定时器T1中断入口地址
MOV    TH1, R1          ;重装定时器T1初始值
MOV    TL1, R0
CPL    P1.0             ;P1.0定时取反,输出音符对应频率的方波
RETI                    ;中断返回
```

（3）乐曲编码举例。

用单片机进行乐曲的转换编程，主要是利用单片机的查表指令。把乐曲的音符和节拍数预先编制完成，放在乐曲编码表中，每个音符及其节拍占3个单元。数据在编码表中存放的顺序是：第一单元存入音符定时初值的高8位，第二单元存入音符定时初值的低8位，第三单元存放此音符的节拍编码，即此节拍对应最小延时的倍数。第二个音符及节拍继续存放，以此类推。本程序中的节拍延时子程序是1/4拍对应的时间，音乐上常用的187 ms对应1/4拍。下面以歌曲《生日快乐》为例，制作乐曲编码表帮助大家理解单片机播放乐曲的方法。

$\underline{5\ 5}$ | 6 5 1 | 7 —
祝你　生 日 快　乐

这里采用C调编制，根据C调音符频率与计数初值对照表6-5，查出低5So、低6La、低7Si和中1Do的定时计数初值分别为：FB04H、FB90H、FC0CH、FC44H。从上面的乐谱可以看出，第一小节中的两个低5So的节拍是1拍，每个占2/4拍（即半拍），节拍的编码数为2。第二小节中的各音符都为1拍，节拍编码为4。第三小节中低7Si为2拍，节拍编码为8。根据上述分析，这段乐曲程序编码为：

```
TAB:   DB   0FBH, 04H, 02H, 0FBH, 04H, 02H, 0FBH, 90H, 04H
       DB   0FBH, 04H, 04H, 0FCH, 44H, 04H, 0FCH, 0CH, 08H
```

（4）门铃系统软件程序设计。

本任务制作的门铃音乐采用《生日快乐》的曲调，乐谱如下：

生日快乐

$1=C\ \dfrac{3}{4}$

$\underline{5\ 5}$ | 6 5 1 | 7 — $\underline{5\ 5}$ | 6 5 2 | 1 — $\underline{5\ 5}$ |
祝你　生 日 快　乐，　祝你　生 日 快　乐，　祝你

5 3 1 | 7 $\underline{4\ 4}$ | 3 1 2 | 1 — $\underline{5\ 5}$ | 6 5 1 |
生 日 快　乐，　祝你　生 日 快　乐。祝你　生 日 快

7 — $\underline{5\ 5}$ | 6 5 2 | 1 — $\underline{5\ 5}$ | 5 3 1 | 7 6 $\underline{4\ 4}$ |
乐，　祝你　生 日 快　乐，　祝你　生 日 快 乐，　祝你

3 1 2 | 1 — — ‖
生 日 快　乐。

根据表6-5查找C调音符频率所对应的定时初始值，采用定时器T1工作方式1进行定时控制，输出音符对应的振动频率。采用187 ms延时子程序作为1/4拍对应的基准时间，根据《生日快乐》乐谱编制乐曲编码表。参考程序如下：

```
        ORG   0000H
        LJMP  MAIN              ;越过中断入口地址,转到主程序执行
        ORG   001BH             ;定时器T1中断服务程序入口地址
        MOV   TH1,R1
        MOV   TL1,R0
        CPL   P1.0
        RETI                    ;中断返回
        ORG   0100H             ;主程序地址
MAIN:   MOV   TMOD,#10H         ;定时器T1工作在方式1定时功能
        MOV   IE,#88H           ;中断允许
        MOV   DPTR,#TAB         ;装入乐曲编码表首地址
LOOP:   CLR   A
        MOVC  A,@A+DPTR
        MOV   R1,A              ;定时初值高8位送R1保存
        INC   DPTR
        CLR   A
        MOVC  A,@A+DPTR
        MOV   R0,A              ;定时初值低8位送R0保存
        ORL   A,R1
        JZ    NEXT0             ;初值全0为休止符
        MOV   A,R0
        ANL   A,R1
        CJNE  A,#0FFH,NEXT      ;初值全1表示乐曲结束
        SJMP  MAIN              ;乐曲结束,循环播放
NEXT:   MOV   TH1,R1            ;装入定时初值
        MOV   TL1,R0
        SETB  TR1               ;启动定时器T1
        SJMP  NEXT1
NEXT0:  CLR   TR1               ;关定时器,停止播放
NEXT1:  CLR   A
        INC   DPTR
        MOVC  A,@A+DPTR         ;查节拍编码,决定音符播放时间
        MOV   R2,A
LOOP1:  LCALL D187MS            ;调用187 ms子程序
        DJNZ  R2,LOOP1          ;根据节拍编码,控制延时次数
```

```
            INC   DPTR
            AJMP  LOOP
D187MS: MOV  R3,#2          ;延时187 ms子程序,它是本乐曲节拍最小单位
D187B:  MOV  R4,#187
D187A:  MOV  R5,#250
        DJNZ  R5,$
        DJNZ  R4,D187A
        DJNZ  R3,D187B
        RET
;******《生日快乐》编码表,前两单元是音符定时初值,第三单元就是节拍编码****

TAB:    DB  0FBH,04H,02H,0FBH,04H,02H,0FBH,90H,04H
        DB  0FBH,04H,04H,0FCH,44H,04H,0FCH,0CH,08H
        DB  0FBH,04H,02H,0FBH,04H,02H,0FBH,90H,04H
        DB  0FBH,04H,04H,0FCH,0ACH,04H,0FCH,044H,08H
        DB  0FBH,04H,02H,0FBH,04H,02H,0FDH,82H,04H
        DB  0FDH,09H,04H,0FCH,44H,04H,0FCH,0CH,04H
        DB  0FBH,90H,04H,0FDH,34H,02H,0FDH,34H,02H
        DB  0FDH,09H,04H,0FCH,44H,04H,0FCH,0ACH,04H
        DB  0FCH,44H,08H,0FBH,04H,02H,0FBH,04H,02H
        DB  0FBH,90H,04H,0FBH,04H,04H,0FCH,44H,04H
        DB  0FCH,0CH,08H,0FBH,04H,02H,0FBH,04H,02H
        DB  0FBH,90H,04H,0FBH,04H,04H,0FCH,0ACH,04H
        DB  0FCH,044H,08H,0FBH,04H,02H,0FBH,04H,02H
        DB  0FDH,82H,04H,0FDH,09H,04H,0FCH,44H,04H
        DB  0FCH,0CH,04H,0FBH,90H,04H,0FDH,34H,02H
        DB  0FDH,34H,02H,0FDH,09H,04H,0FCH,44H,04H
        DB  0FCH,0ACH,04H,0FCH,44H,0CH,00H,00H,04H
        DB  0FFH,0FFH        ;两个0FFH表示乐曲结束标志
        END
```

3. 门铃（音乐芯片）系统软硬件仿真调试

（1）使用 Proteus ISIS 仿真软件绘制电路图。

（2）使用 Keil 软件，把编写的源程序写入并编译，如图 6 – 2 所示。

（3）将编译后单片机程序的可执行文件（.hex）加载到 Proteus 中的单片机中，单击 Proteus 软件左下角的仿真启动按钮 ▶ ，打开计算机音箱（或插入耳机）聆听音乐门铃仿真运行效果。

（4）如果运行结果跟设计不一致，逐条修改软件程序，直到程序达到设计要求。

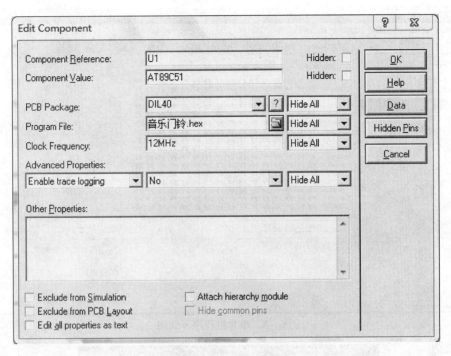

图 6-2　在 Proteus 中为单片机加载 .hex 文件

任务扩展

本项目作为综合项目，在完成 Proteus 仿真的基础上，可以采购元件，真正做一个实物仿真电路。根据元件表采购本任务所需要的元件，再加上面包板、插线、+5 V 开关电源、一个编程下载器，就可以把前面的仿真实验项目都做出实物电路，提高同学们的动手能力和故障检测能力。

1. 门铃（音乐芯片）系统实训电路连接及程序下载

（1）根据设计的电路原理图，在面包板上正确连接各元件。

（2）把单片机从电路板上取下，放到编程器上。

（3）打开编程器软件，在"操作"菜单下选择单片机型号。

（4）打开编译好的可执行文件（.hex）到文件缓冲区。

（5）单击"运行"中的"开始"按钮，把程序下载到单片机中，如图 6-3 所示。

2. 门铃实训电路的软硬件联合调试

把调试好的程序下载到单片机中，通电运行联合调试，观察电路是否达到设计要求。如果出现问题，先从硬件电路连接开始查找，测试相关引脚是否与设计相符。如果硬件电路设计和连接没有问题，再进行程序修改调试，然后把程序重新下载到单片机中进行联合调试，直到符合设计要求为止。

本任务实训电路效果图如图 6-4 所示。

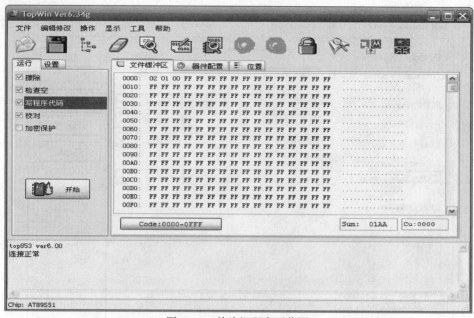

图6-3 单片机程序下载图

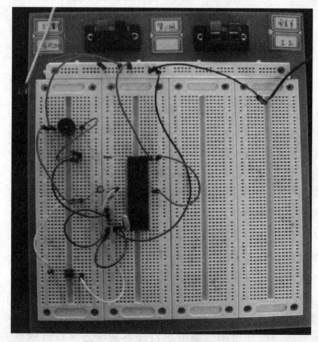

图6-4 门铃系统电路实训图

任务总结

本学习任务是门铃（音乐芯片）的设计，采用的是定时/计数器溢出中断的应用，主要理解音乐与频率的关系，节拍与延时程序之间的关系。通过设置定时器的初值，利用定时器溢出进行中断请求，中断服务程序使输出位进行取反操作，完成单片机输出方波模拟音频振动，通过扬声器还原出声音，实现音乐播放。通过实训模块的操作训练和相关知识的学习，使学生熟悉单片机的 I/O 端口控制、定时/计数器、中断系统的工作原理，掌握单片机各种控制方法，提高单片机开发水平。

任务二　音乐播放器的制作

【任务描述】

本项目第一个任务中，制作的门铃（音乐芯片）在播放歌曲时，中间我们无法干预，无法停止也不能选择歌曲。在本任务中我们对门铃（音乐芯片）进行功能扩展，利用单片机作为核心控制器件制作音乐播放器。此音乐播放器可以多首歌曲联唱，能循环播放，能停止并根据喜好选择歌曲播放，这与我们生活中的音乐播放器很相似。

【任务分析】

本任务在上一个任务——门铃（音乐芯片）制作的基础上，增加歌曲的 8 个选择按钮，把复位按钮和一段程序配合作为停止按钮，做到能选择歌曲，能自由停止。具体方法就是把 8 首歌曲的编码依次存放在有自己标号的代码空间，每首歌曲的最后用休止符来进行短暂的时间分隔；把复位按钮与分支判断程序配合，实现停止按钮的功能；分支判断程序与 8 个选择按钮配合，实现歌曲的选择。

【知识准备】

1. 复位操作和复位电路

（1）复位操作。

单片机的初始化操作，给复位脚 RST 加上大于 2 个机器周期（即 24 个时钟振荡周期）的高电平就可使 51 系列单片机（如 AT89S51）复位。

复位时，PC 初始化为 0000H，程序从 0000H 单元开始执行。

除系统的正常初始化外，当程序出错（如程序跑飞）或操作错误使系统处于死锁状态时，需按复位键使 RST 脚为高电平，使 AT89S51 摆脱"跑飞"或"死锁"状态而重新启动程序。

复位操作还对其他一些寄存器有影响，这些寄存器复位时的状态如表 6-6 所示。

表 6-6　复位时片内各寄存器的状态

寄存器	复位状态	寄存器	复位状态
PC	0000H	TMOD	00H
ACC	00H	TCON	00H
B	00H	TH0	00H
SP	07H	TL0	00H
DPTR	0000H	TH1	00H
P0~P3	0FFH	TL1	00H

续表

寄存器	复位状态	寄存器	复位状态
IP	×××00000B	SCON	00H
IE	0××00000B	SBUF	××××××××B
DP0L	00H	PCON	0×××0000B
DP1L	00H	AUXR	××××0××0B
DP1H	00H	AUXR1	×××××××0B
WDTRST	××××××××B		

(2) 复位电路。

复位电路分上电自动复位和按键手动复位两种。

上电自动复位如图 6-5 所示，给电容 C 充电，加给 RST 引脚一个短的高电平信号，此信号随着 V_{CC} 对电容 C 的充电过程而逐渐回落，即 RST 引脚上的高电平持续时间取决于电容 C 的充电时间。为保证系统可靠复位，RST 引脚上的高电平必须维持足够长的时间。除了上电复位外，有时还需要按键手动复位。在实际应用中，为了控制方便，提高可靠性，单片机的复位电路往往包含以上两种复位方式。

按键手动复位电路如图 6-6 所示。

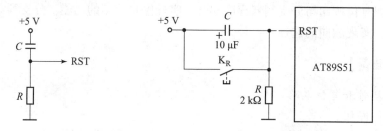

图 6-5 上电自动复位　　图 6-6 按键手动复位电路

本任务就是在门铃（音乐芯片）电路的基础上，增加按键手动复位电路与分支判断选择程序来进行停止操作，否则复位后歌曲又重新播放，无法实现停止播放的功能。

2. 程序设计的 3 种基础结构

前面我们分析了项目的功能和控制方法，接下来就要利用汇编语言的指令进行程序编写。任何复杂的程序都可由 3 种基本程序结构组成，分别是顺序结构、分支结构、循环结构，如图 6-7 所示。

下面简要介绍和总结这 3 种典型结构的程序设计方法，前面的项目实施过程中，我们大多采用了顺序结构和循环结构的程序设计方法。

(1) 顺序结构程序设计。

顺序结构程序在执行时是从第一条指令开始依次执行每一条指令，直到执行完毕。这种结构的程序简单明了，结构清晰，往往是构成复杂结构程序的基础。但这种结构编写出来的程序，在修改时效率低，程序冗长，占用存储空间大。在同学们熟练掌握编程技巧之后，能用其他结构编制的地方，基本取代一味的顺序结构程序。

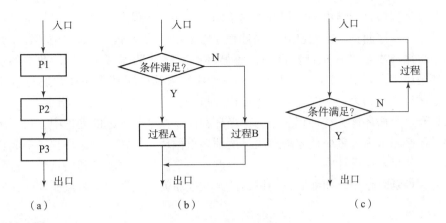

图6-7 常见的流程图结构说明
(a) 顺序结构；(b) 分支结构；(c) 循环结构

(2) 分支结构程序设计。

在一个实际的应用程序中，程序不可能始终是顺序执行的，通常需要根据实际问题设定条件，通过对条件是否满足的判断，产生一个或多个分支，以决定程序的流向，这种程序称为分支程序。分支程序的特点就是程序中含有条件转移指令。51系列单片机指令系统中直接用来判断分支条件的指令有JZ、JNZ、CJNE、DJNZ、JC、JNC、JB、JNB等。正确合理地运用条件转移指令是编写分支程序的关键。

(3) 循环结构程序设计。

上述介绍的顺序结构程序和分支结构程序中的指令一般都只执行一次。而在实际应用系统中，往往会出现同一组操作要重复执行许多次的情况，这种有规律可循又反复出现的问题，可以采用循环结构设计的程序来解决。这样可以使程序简短、条理清晰、运行效率高，占用存储空间少。

循环结构程序一般由以下4部分组成。

①循环初始化。

循环初始化程序段位于循环程序的开头，用于完成循环前的准备工作。例如，给循环体计数器、各数据地址指针及运算变量设置初值等。

②循环处理。

这部分程序位于循环程序的中间，又称循环体，是循环程序不断重复执行的部分，用于完成对数据进行实际处理。另外，要求程序编写尽可能简捷，以提高程序的执行速度。

③循环控制。

循环控制包括修改变量和循环结束条件检测两部分。通过修改循环计数器和数据指针的值，为下一次循环和循环结束检测做准备，然后通过条件转移来判断循环是否结束。

④循环结束。

这部分程序用于存放执行循环程序后的运算结果等操作。

循环程序在结构上通常有两种编制方法：一种是先处理后判断（如我们前面讲的延时程序），循环处理部分至少执行一次；另一种是先判断再处理，循环处理部分可能根本不执行就结束了。在程序设计时应根据需要采用不同的设计方法。

根据对循环程序是否结束的控制方法的不同,可将循环程序分为次数已知的循环程序和次数未知的循环程序两种。次数已知的循环程序常采用计数器控制,这种循环程序通常在循环初始化中将循环次数设置于计数器中,每循环一次将计数器减 1,当计数器的值减为 0 时,使循环结束,常采用"DJNZ"指令实现。而次数未知的循环程序通常通过给定的条件标志来判断循环是否结束,一般会使用条件比较指令实现,如"CJNE"指令等。

程序只有一个循环体,这种程序称为单循环程序。在某些问题的处理中,仅采用单循环往往不够,还必须采用多重循环才能解决。所谓多重循环是指在一个循环程序中嵌套有其他循环程序。单片机软件设计中,最常用、最典型的多重循环程序就是利用指令执行时间结合多重循环的软件延时程序。如前面我们讲到的延时程序就是利用一个多重循环嵌套的方式来实现的。

任务实施

音乐播放器的制作

1. 音乐播放器硬件电路设计

(1) 电路设计思路。

在门铃(音乐芯片)电路的基础上,在复位电路中增加一个复位按钮作为停止按钮使用。在单片机的 P0 口处接 8 个按钮作为歌曲的选择按钮,其他电路及元件不变。

(2) 音乐播放器原理图。

根据设计思路,门铃电路的原理图如图 6-8 所示。

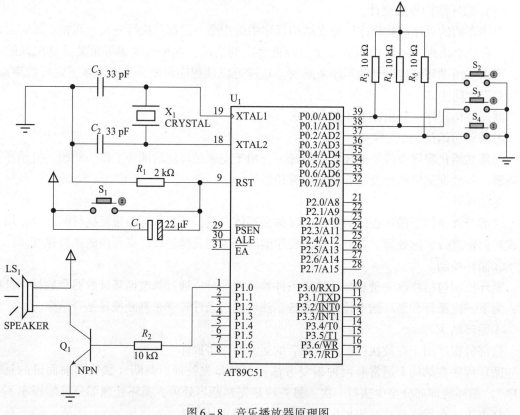

图 6-8 音乐播放器原理图

说明：由于篇幅限制和单片机程序存储器容量的限制，这里我们只编写 3 首歌曲的代码存入单片机里，所以歌曲选择按钮只画出 3 个，不影响播放器运行。但可以扩展到 8 首歌曲，8 个选择按钮。

2. 音乐播放器软件设计

(1) 音乐停止及歌曲选择的实现。

音乐的停止主要由复位按钮及分支判断程序来实现，即硬件电路与软件程序有机结合。当复位按钮按下时，程序复位重新开始，如果不增加分支判断，歌曲又从第一首开始播放。具体编程如下：

```
KEY:MOV  A,P0              ;读选择按钮的状态
    JNB  ACC.0,MUSIC1      ;第一个按钮按下时,选择第一首歌曲播放
    JNB  ACC.1,MUSIC2
    ……
    JNB  ACC.7,MUSIC8      ;第八个按钮按下时,选择第八首歌曲播放
    SJMP KEY               ;无按钮按下,不播放歌曲,循环等待
```

这样就保证了复位后，如果不选择歌曲，不按歌曲选择按钮，音乐播放器就循环等待，实现了停止功能。配合下面的指令，就实现了自由选择歌曲的功能。

```
MUSIC1:
    MOV  DPTR,#TAB0
    SJMP LOOP
MUSIC2:
    MOV  DPTR,#TAB1
    SJMP LOOP
    ……
```

(2) 歌曲联唱的实现。

实现这个功能就是把每首歌曲的编码放在相应 TABx 标号的代码区域内，再把这些不同 TABx 标号连续存放。每首歌曲播放完成后，中间的停顿用休止符来间隔，即在每首歌曲编码的最后加"00H，00H，04H"。这时单片机不发频率信号，持续 4 个 187 ms 播放器不发声，然后开始播放下一首歌曲。如果没有人工干预，这样就实现了歌曲联唱功能。

(3) 音乐播放器软件程序设计。

本项目设计的音乐播放器理论上可以播放 8 首歌曲，考虑到篇幅问题及本任务采用的是 AT89C51（或 AT89S51）单片机，它的程序存储器 ROM 只有 4 KB，所以下面程序只选用 3 首歌曲。一首是前面的《生日快乐》，还有两首分别是《新年好》及《烟花易冷》。3 首歌曲与 8 首歌曲的编写方法是相同的，这个可以留给同学们拓展练习，只要注意扩展一下 ROM 或是采用更大的内存芯片 AT89S52 就可以了。

《新年好》是一首大家耳熟能详的经典歌曲，短小精悍，适合学生编写代码。

新年好（Happy New Year）

1=C 3/4

‖: 1 1 1 5 | 3 3 5 5 | 1 3 5 5 |
　　新年 来到，新年 来到，祝愿 大 家

4 3 2 — | 2 3 4 4 | 3 2 3 1 |
新年 好。　我们 唱歌，纵情 跳舞

1 3 2 5 | 7 2 1 :‖
祝愿 大家　新 年 好。

下面就是歌曲《烟花易冷》的曲谱及歌词。由于歌曲很长，这里只编制歌曲的主歌部分，到"等酒香醇等你弹一曲古筝"。

烟花易冷

1=C 4/4
演唱：周杰伦
作词：方文山
作曲：周杰伦
记谱：桃李醉春风

(6 3 1 5 #4 — | 6 3 1 5 #4 3 5 | 7 — — 0 1 | 2 — 0 3 3 5 |
　　　　　　　　　　　　　　　　　　　　　　　　繁 华 声

‖: 6 5 6 1 7 6 5 | 6 5 3·0 3 3 5 | 6 5 6 1 7 6 3 | 3 2 2 0 6 2 |
遍入 空门 折煞 了 世人，梦 偏冷 辗转 一生 情债 又几 本，如你
迎来 笑声 羡煞 许多 人，那 史册 温柔 不肯 下笔 都太 狠，烟花

6 2·0 6 2·6 | 7 3 0 2 3 2 | 5 0 2 5 6 7 1 | 7 6 7·0 3 3 5 |
默认，生死枯等，枯等一 圈，又 一圈的年 轮。浮 图塔
易冷，人事易分，而你在 问，我是否还认 真。千 年后

6 5 6 1 7 6 5 6 | 6 3·0 3 3 5 | 6 5 6 1 7 6 6 5 | 5 3·0 6 2·6 |
断了 几层 断了 谁的　魂，痛 直奔 一盏 残灯 倾塌 的山　门，容我再
累世 情深 还有 谁在　等，而 青史 岂能 不真 魏书 洛阳　城，如你在

2 — 0 3 7·6 | 7 1 7 — 6 2 | 7 3 6 2 7 3 6·5 | 6 — — 5 3 |
等，历史 转身，　等酒 香醇 等你 弹一 曲古 筝，雨纷
跟，前世 过门，　跟着 红尘 跟随 我浪 迹一 生，雨纷

2 0 2 2 3 1 2 | 3 — 0 5 3 | 2 0 2 2 5 3·4 | 3 2 3 — 0 3 3 |
纷，旧 故里 草木 深，　我听 闻，你 始终 一个 人，　斑驳

7·3 2 2 1 7 | 1 2 3 6 6 6 1 | 3 2 6 1 7·5 | 6 — — 5 3 |
的 城 门，盘踞 着老 树根，石板 上回 荡的 是再 等，雨纷

2 0 2 2 3 1 2 | 3 — 0 5 3 | 2 0 2 2 5 3·4 | 3 2 3 — 0 3 3 |
纷，旧 故里 草木 深，　我听 闻，你 仍守 着孤 城，　城郊

7·3 2 2 1 7 | 1 2 3 6 6 6 1 | 3 2 6 1 7·5 | 6 — — 0 ‖
牧 笛 声，落在 那座 野村，缘份 落地 生根 是我 们。

程序编写如下：

```
        ORG   0000H
        LJMP  START
        ORG   001BH        ;定时器 T1 中断服务程序入口
        MOV   TH1, R1
        MOV   TL1, R0
        CPL   P1.0
        RETI               ;中断返回,以上为中断服务程序
        ORG   0100H        ;主程序地址
START:  MOV   TMOD, #10H   ;定时器 T1 工作在方式 1 定时功能
        MOV   IE, #88H     ;中断允许
KEY:    MOV   A, P0        ;读选择按钮的状态值
        JNB   ACC.0, MUSIC1 ;若第一个按钮按下,转到第一首歌曲入口
        JNB   ACC.1, MUSIC2 ;若第二个按钮按下,转到第二首歌曲入口
        JNB   ACC.2, MUSIC3 ;若第三个按钮按下,转到第三首歌曲入口
        SJMP  KEY          ;若没有按钮按下,则转回继续读取按钮的状态值
MUSIC1:
        MOV   DPTR, #TAB   ;装入第一首乐曲编码表首地址
        SJMP  LOOP
MUSIC2: MOV   DPTR, #TAB1
        SJMP  LOOP
MUSIC3: MOV   DPTR, #TAB2
LOOP:   CLR   A
        MOVC  A, @A+DPTR
        MOV   R1, A
        INC   DPTR
        CLR   A
        MOVC  A, @A+DPTR
        MOV   R0, A
        ORL   A, R1
        JZ    NEXT0
        MOV   A, R0
        ANL   A, R1
        CJNE  A, #0FFH, NEXT
        SJMP  MUSIC1
NEXT:   MOV   TH1, R1
        MOV   TL1, R0
        SETB  TR1
        SJMP  NEXT1
```

```
NEXT0:CLR   TR1
NEXT1:CLR   A
      INC   DPTR
      MOVC  A,@A+DPTR
      MOV   R2,A
LOOP1:LCALL D187MS
      DJNZ  R2,LOOP1
      INC   DPTR
      AJMP  LOOP
D187MS: MOV R3,#2
D187B:  MOV R4,#187
D187A:  MOV R5,#250
      DJNZ  R5,$
      DJNZ  R4,D187A
      DJNZ  R3,D187B
      RET
;******《生日快乐》编码表,前两单元是音符定时初值,第三单元就是节拍编码****
TAB:  DB  0FBH,04H,02H,0FBH,04H,02H,0FBH,90H,04H
      DB  0FBH,04H,04H,0FCH,44H,04H,0FCH,0CH,08H
      DB  0FBH,04H,02H,0FBH,04H,02H,0FBH,90H,04H
      DB  0FBH,04H,04H,0FCH,0ACH,04H,0FCH,044H,08H
      DB  0FBH,04H,02H,0FBH,04H,02H,0FDH,82H,04H
      DB  0FDH,09H,04H,0FCH,44H,04H,0FCH,0CH,04H
      DB  0FBH,90H,04H,0FDH,34H,02H,0FDH,34H,02H
      DB  0FDH,09H,04H,0FCH,44H,04H,0FCH,0ACH,04H
      DB  0FCH,44H,08H,0FBH,04H,02H,0FBH,04H,02H
      DB  0FBH,90H,04H,0FBH,04H,04H,0FCH,44H,04H
      DB  0FCH,0CH,08H,0FBH,04H,02H,0FBH,04H,02H
      DB  0FBH,90H,04H,0FBH,04H,04H,0FCH,0ACH,04H
      DB  0FCH,044H,08H,0FBH,04H,02H,0FBH,04H,02H
      DB  0FDH,82H,04H,0FDH,09H,04H,0FCH,44H,04H
      DB  0FCH,0CH,04H,0FBH,90H,04H,0FDH,34H,02H
      DB  0FDH,34H,02H,0FDH,09H,04H,0FCH,44H,04H
      DB  0FCH,0ACH,04H,0FCH,44H,0CH
      DB  00H,00H,04H
;******《新年好》编码表,前两单元是音符定时初值,第三单元就是节拍编码****
TAB1: DB  0FCH,44H,02H,0FCH,44H,02H,0FCH,44H,04H
      DB  0FBH,04H,04H,0FDH,09H,02H,0FDH,09H,02H
```

```
        DB    0FDH,09H,04H,0FCH,44H,04H,0FCH,44H,02H
        DB    0FDH,09H,02H,0FDH,82H,04H,0FDH,82H,04H
        DB    0FDH,34H,02H,0FDH,09H,02H,0FCH,0ACH,08H
        DB    0FCH,0ACH,02H,0FDH,09H,02H,0FDH,34H,04H
        DB    0FDH,34H,04H,0FDH,09H,02H,0FCH,0ACH,02H
        DB    0FDH,09H,04H,0FCH,44H,04H,0FCH,44H,02H
        DB    0FDH,09H,02H,0FCH,0ACH,04H,0FBH,04H,04H
        DB    0FCH,0CH,04H,0FCH,0ACH,04H,0FCH,44H,04H
        DB    00H,00H,04H
;******《烟花易冷》编码表,前两单元是音符定时初值,第三单元就是节拍编码****
TAB2:   DB    0FDH,09H,02H,0FDH,09H,02H,0FDH,82H,02H
        DB    0FDH,0C8H,02H,0FDH,82H,02H,0FDH,0C8H,02H
        DB    0FEH,23H,02H,0FEH,06H,02H,0FDH,0C8H,02H
        DB    0FDH,82H,04H,0FDH,0C8H,01H,0FDH,82H,01H
        DB    0FDH,09H,06H,00H,00H,02H,0FDH,09H,02H
        DB    0FDH,09H,02H,0FDH,82H,02H,0FEH,23H,02H
        DB    0FEH,06H,02H,0FDH,0C8H,02H,
        DB    0FDH,0C8H,02H,0FDH,09H,04H,0FCH,0ACH,04H
        DB    00H,00H,02H,0FDH,0C8H,02H,0FEH,56H,02H
        DB    0FDH,0C8H,02H,0FEH,56H,06H,00H,00H,02H
        DB    0FDH,0C8H,02H,0FEH,56H,03H,0FDH,0C8H,01H
        DB    0FEH,06H,04H,0FDH,09H,04H
        DB    00H,00H,02H,0FCH,0ACH,02H,0FDH,09H,02H
        DB    0FCH,0ACH,02H,0FDH,82H,04H
        DB    00H,00H,02H,0FCH,0ACH,02H,0FDH,82H,02H
        DB    0FDH,0C8H,02H,0FEH,06H,02H,0FEH,23H,02H
        DB    0FEH,06H,01H,0FDH,0C8H,01H,0FEH,06H,06H
        DB    00H,00H,02H,0FDH,09H,02H,0FDH,09H,02H
        DB    0FDH,82H,02H,0FDH,0C8H,02H,0FDH,82H,02H
        DB    0FDH,0C8H,02H,0FEH,23H,02H,0FEH,06H,02H
        DB    0FDH,0C8H,02H,0FDH,82H,02H,0FDH,0C8H,04H
        DB    0FDH,09H,06H,00H,00H,02H,0FDH,09H,02H
        DB    0FDH,09H,02H,0FDH,82H,02H,0FDH,0C8H,02H
        DB    0FDH,82H,02H,0FDH,0C8H,02H,0FEH,23H,02H
        DB    0FEH,06H,02H,0FDH,0C8H,02H
        DB    0FDH,0C8H,02H,0FDH,82H,04H,0FEH,85H,06H
        DB    00H,00H,02H
        DB    0FDH,0C8H,02H,0FEH,56H,03H,0FDH,0C8H,01H
```

```
        DB    0FEH,56H,08H,00H,00H,02H
        DB    0FEH,85H,02H,0FEH,06H,06H,0FDH,0C8H,01H
        DB    0FEH,06H,01H,0FEH,23H,01H,0FEH,06H,0AH
        DB    0FDH,0C8H,02H
        DB    0FEH,56H,02H,0FEH,06H,02H,0FDH,09H,02H
        DB    0FDH,0C8H,02H,0FEH,56H,02H,0FEH,06H,02H
        DB    0FDH,09H,02H
        DB    0FDH,0C8H,06H,0FDH,82H,01H,0FDH,0C8H,0CH
        DB    0FFH,0FFH ;两个 0FFH 表示乐曲结束标志
        END
```

3. 音乐播放器软硬件仿真调试

（1）使用 Keil 软件编写单片机源程序并编译。

（2）将编译后的单片机程序（*.hex）加载到 Proteus 的单片机中，如图 6-9 所示。

（3）单击 Proteus 软件左下角的仿真启动按钮 ▶ ，打开计算机音箱（或插入耳机），按下选择按钮，聆听音乐播放器仿真运行效果。

（4）如果运行结果跟设计不一致，逐条修改软件程序，直到程序达到设计要求。

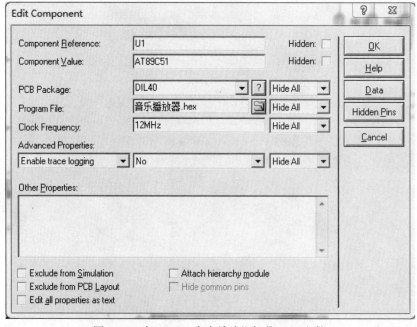

图 6-9 在 Proteus 中为单片机加载 .hex 文件

任务扩展

音乐播放器系统在完成 Proteus 仿真的基础上，以及上一个任务中音乐门铃实训电路的基础上，增加启动按钮和选择按钮，再进行正确的连线，做出真实的音乐播放器实物电路。通过软件硬件联合调试，最后达到项目设计要求。

1. 音乐播放器系统实训电路连接及程序下载

(1) 根据设计的电路原理图，在面包板上正确连接各元件。
(2) 把单片机从电路板上取下，放到编程器上。
(3) 打开编程器软件，在"操作"菜单下选择单片机型号。
(4) 打开编译好的可执行文件（.hex）到文件缓冲区。
(5) 单击"运行"中的"开始"按钮，把程序下载到单片机中。

2. 音乐播放器系统的软硬件联合调试

把调试好的程序下载到单片机中，通电运行联合调试，观察电路是否达到设计要求。如果出现问题，先从硬件电路连接方面开始查找，测试相关引脚是否与设计相符。如果硬件电路设计和连接方面没有问题，再进行程序修改调试，然后把程序重新下载到单片机中进行联合调试，直到符合设计要求为止。本任务实训电路效果图如图6-10所示。

图6-10 音乐播放器实训效果图

任务总结

结合项目的实施，通过软件仿真，观察仿真结果来帮助学生更好地掌握单片机的定时/计数器系统以及中断系统如何工作，为以后的实际应用打下坚实的基础。

硬件电路的实施，可以帮助同学们直观地了解单片机在控制方面的应用。在项目进行的过程中，一定会出现超出预期设计的情况，在调试和调整过程中，就可以很好地培养同学们的工作耐心和解决问题的方法。通过这些经历的慢慢积累，定会使同学们受益终生。

拓展提高

同学们结合前面项目中的数码显示管显示电路，把它加入本项目的音乐播放器系统中，在选择歌曲时，能在数码显示管上显示我们所选的是第几首歌。

项目评价

课程名称：单片机应用技术		授课地点：		
学习任务：音乐播放器的制作		授课教师：		授课学时：
课程性质：理实一体课程		综合评分：		
知识掌握情况评分（35分）				
序号	知识考核点	教师评价	配分	实际得分
1	分支判断程序的设计		5	
2	音乐与频率的关系及定时计数初值的计算		10	
3	中断初始化程序的编写		5	
4	中断服务程序的编写		8	
5	熟练掌握Keil和Proteus的使用		7	
工作任务完成情况评分（65分）				
序号	技能考核点	教师评价	配分	实际得分
1	设计本项目中的硬件电路的能力		10	
2	编写中断控制程序及调试的能力		15	
3	能说明门铃系统、音乐播放器程序设计思路，读懂程序		15	
4	软件仿真、电路连接和系统调试能力		15	
5	与组员的互助合作能力		10	
违纪扣分（20分）				
序号	扣分项目	教师评价	配分	实际得分
1	学习中玩手机、打游戏		5	
2	课上吃东西		5	
3	课上打电话		5	
4	其他扰乱课堂秩序的行为		5	

练习与思考

1. 简述音乐门铃及音乐播放器的设计思路？
2. 51系列单片机能提供几个中断源？它们的入口地址各是多少？
3. 汇编程序设计包括哪几种结构？它们都有哪些特点？
4. AT89S51单片机中的中断源的中断服务程序入口地址是否可以自行设定？当中断服务程序的长度大于8个字节时如何处理？
5. 本单元的两个学习任务中，分别用到的是哪两种中断方式？写出各自的初始化程序。
6. 总结本单元两个实训项目，想想如何拓展提高或完善系统的功能？

项目七

单片机C语言控制程序的编写
——拓展训练

🔄 项目场景

当我们漫步在城市中,道路两旁商铺的广告牌会不时地映入我们的眼帘,它不再是一成不变,它具有魔性,我们总是难以逃脱它的吸引,它上面的小亮点呈现出各种规律的亮灭变化,想要向我们诉说着什么……

🔄 需求分析

LED 灯作为现代的新型光源,正被广泛应用于生活中,例如交通信号灯、汽车转向灯以及一些简易的警示装置等。其成本低廉,制作起来十分简单,只需要一个单片机最小系统再外接 LED 和一些控制按键就可以完成。单片机控制 LED 灯做成的霓虹灯广告牌如今被广泛应用,这种广告牌具有变化性,易吸引眼球,能达到很好的宣传作用。

🔄 方案设计

前面的项目都是采用汇编语言进行程序设计,本项目全部采用 C 语言进行设计,同学们注意总结,找到最适合自己的方法。首先要完成汽车转向灯的制作,通过按键完成对 LED 灯变化的控制。然后在此基础上增加 LED 灯的数量,通过修改程序,使 LED 灯呈现自动及规律的变化。

本项目中的电路设计相对简单,而程序呈现出复杂性和多样性。本项目主要采用赋值语句实现 LED 的状态改变,采用循环语句,使 LED 灯呈现连续不断的变化,采用延迟语句来使这种变化的状态可见。本项目实施中的任务主要分以下两部分进行:

①汽车转向灯的制作;
②简易霓虹灯的制作。

相关知识和技能

1. 知识目标
（1）掌握 C 语言单片机系统的开发流程；
（2）掌握 C51 语言控制 P0～P3 各引脚的控制方法；
（3）掌握 C51 语言程序结构及特点；
（4）熟悉数据类型和运算符；
（5）掌握基本语句。

2. 技能目标
（1）能够使用 Keil 软件对 C 语言程序进行调试、编译等；
（2）能够利用 Proteus 仿真软件正确连接电路及调试；
（3）能够根据项目要求进行 P0～P3 各引脚设置；
（4）能够灵活运用延迟语句、赋值语句与循环语句等进行程序编写；
（5）能够分析 C 语言程序在设计中的问题。

任务一　汽车转向灯控制系统的制作

【任务描述】

通过采用单片机制作一个模拟汽车左右转向灯的控制系统，熟悉 C 语言的基本语句、复合语句、条件语句和循环语句的使用方法，了解顺序、选择和循环 3 种基本程序结构及结构化程序设计方法。

【任务分析】

安装在汽车不同位置的信号灯是汽车驾驶人之间及驾驶员向行人传递行驶状况的语言工具。一般包括转向灯、刹车灯、倒车灯和雾灯等，其中汽车转向灯包括左转向灯和右转向灯，其显示状态如表 7-1 所示。

表 7-1　汽车转向灯显示状态

转向灯显示状态		驾驶员发出的显示命令
左转向灯	右转向灯	
灭	灭	未发出
灭	闪烁	右转
闪烁	灭	左转
闪烁	闪烁	汽车故障

采用两个发光二极管来模拟汽车左转向灯和右转向灯，用单片机的 P1.0 和 P1.1 引脚控制发光二极管的亮、灭状态；用两个连接到单片机 P3.0 和 P3.1 引脚的拨动开关 SW_1 和

SW$_2$,模拟驾驶员发出左转、右转以及故障命令。P3.0 和 P3.1 引脚的电平状态与驾驶员发出的命令对应关系如表 7-2 所示。

表 7-2 P3 口引脚状态与驾驶员发出的命令

P3 口状态		驾驶员发出的显示命令
P3.0	P3.1	
1	1	未发出
1	0	右转
0	1	左转
0	0	汽车故障

比较表 7-1 和表 7-2 可以看到,P3.0 引脚的电平状态和左转向灯的亮灭状态相对应,当 P3.0 引脚的状态为"1"时,左转向灯熄灭;当 P3.0 引脚的状态为"0"时,左转向灯闪烁。同样,P3.1 引脚的电平状态和右转向灯的亮灭状态相对应。

【知识准备】

1. 认识单片机 C 语言程序

单片机能识别的语言是硬件语言即汇编,因此编程就是围绕汇编来实现。有直接用汇编程序来编写的,但是调试较难,特别是一上规模就更不易实现,因此常用高级语言来写,然后通过编译器转化成汇编。51 单片机支持 3 种高级语言,即 PL/M、C 和 BASIC。C 语言是一种通用的程序设计语言,其代码率高,数据类型及运算符丰富,并具有良好的程序结构,适用于各种应用的程序设计,是目前使用较广的单片机编程语言。单片机的 C 语言采用 C51 编译器(简称 C51)。由于 C51 产生的目标代码短,运行速度高,所需存储空间小,符合 C 语言的 ANSI 标准,生成的代码遵循 Intel 目标文件格式,而且可与 A51 汇编语言或 PL/M51 语言目标代码混合使用。

C 语言的主要特点如下。

(1) 结构化语言。

C 语言由函数构成。函数包括标准函数和自定义函数,每个函数就是一个功能相对独立的模块。

C 语言还提供了多种结构化的控制语句,如顺序、条件、循环结构语句,满足程序设计结构化要求。

(2) 丰富的数据类型。

C 语言具有丰富的数据类型,便于实现各类复杂的数据结构,它还有与地址密切相关的指针及其运算符,直接访问内存地址,进行位(bit)一级的操作,能实现汇编语言的大部分功能,因此 C 语言被称为"高级语言中的低级语言"。

用 C 语言对 MCS-51 系列单片机开发应用程序,只要求开发者对单片机的存储器结构有初步了解,而不必十分熟悉处理器的指令集和运算过程,寄存器分配、存储器的寻址及数据类型等细节问题由编译器管理,不但减轻了开发者的负担,提高了效率,而且程序具有更好的可读性和可移植性。

(3) 便于维护管理。

用 C 语言开发单片机应用系统程序，便于模块化程序设计。可采用开发小组计划和完成项目，分工合作，灵活管理。杜绝了因开发人员变化所造成的对项目进度、后期维护及升级的影响，从而保证了整个系统的品质、可靠性及可升级性。

与汇编语言相比，C 语言的优点如下：

①不要求编程者详细了解单片机的指令系统，但需了解单片机的存储器结构。

②寄存器分配、不同存储器的寻址及数据类型等细节可由编译器管理。

③程序结构清晰，可读性强。

④编译器提供了很多标准函数，具有较强的数据处理能力。

2. C 语言程序分析

首先分析下面的 C51 程序 EX7_1.C 源程序，源程序如下：

```
//程序名称:EX7_1.C
//程序功能:通过89S51单片机芯片控制一个发光二极管实现闪烁效果
//源程序如下:
#include <reg51.h>
void delay(unsigned char delay);
sbit P1_0 = P1^0;
//************************ 延时函数 ********************//
void delay (unsigned char delay)
{
unsigned char I;
for(;delay >0;delay -- )
for(i =0;i <124;i ++ );
}                        //延时1 ms
//************************Proteus** 主函数 ********************//
void main()
{
for(;;)              //实现程序的无限循环,也可以用while(1)
{
P1_0 = !P1_0;        //!表示状态取反,实现闪烁的功能
delay(1000);         //延时1 000 ms 即 1 s
}
}
```

上述程序中，第 1、2、3 行：对程序进行简要说明，包括程序名称和功能。"//"是单行注释符号，从该符号开始直到一行结束的内容，通常用来说明相应语句的意义，或者对重要的代码行、段落进行提示，方便程序的编写、调试及维护工作，提高程序的可读性。程序在编译时，不对这些注释内容做任何处理。

C51 的另一种注释符号是"/*   */"。在程序中可以使用这种成对注释符号进行多行注释,注释内容从"/*"开始,到"*/"结束,中间的注释文字可以是多行文字。

第 4 行:"#include <reg51.h>"是文件包含语句,表示把语句中指定文件的全部内容复制到此处,与当前的源程序文件链接成一个源文件。该语句中指定的文件 reg51.h 是 Keil C51 编译器提供的头文件,保存在文件夹"Keil\C51\inc"下,该文件包括了对 MCS-51 系列单片机特殊功能寄存器 SFR 和位名称的定义。

在 reg51.h 文件中定义了下面语句:

```
sfr P1 = 0x90;
```

该语句定义了符号 P1 与 MCS-51 单片机内部 P1 口的地址 0x90 对应。

在 C51 程序设计中,我们可以把 reg51.h 头文件包含在自己的程序中,直接使用已定义的 SFR 名称和位名称。例如符号 P1 表示并行口 P1;也可以直接在程序中自行利用关键字 sfr 和 sbit 来定义这些特殊功能寄存器和特殊位名称。

如果需要使用 reg51.h 文件中没有定义的 SFR 或位名称,可以自行在该文件中添加定义,也可以在源程序中定义。例如,在下面程序中,我们自行定义了位名称:

```
sbit P1_0 = P1^0;    //定义位名称 P1_0,对应 P1 口的第 0 位
```

如果源程序中包括很多函数,通常在主函数的前面集中声明,然后再在主函数后面一一进行定义,这样编写的 C 语言源代码可读性好,条理清晰,易于理解。

EX7_1.C 程序中包含头文件 reg51.h 的目的,是为了通知 C51 编译器,程序中所用的符号 P1 是指 MCS-51 单片机的 P1 口。

第 8~13 行:定义函数 delay()。delay 函数的功能是延时,用于控制发光二极管的闪烁速度。

第 15~22 行:定义主函数 main()。main 函数是 C 语言中必不可少的主函数,也是程序开始执行的函数。

发光二极管闪烁过程实际上就是发光二极管交替亮、灭的过程,单片机运行一条指令的时间只有几微秒,时间太短,眼睛无法分辨,看不到闪烁效果。因此,用单片机控制发光二极管时,需要增加一定的延时时间,过程如图 7-1 所示。

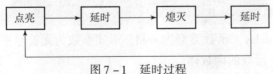

图 7-1 延时过程

延时函数在很多程序设计中都会用到,这里的延时函数使用了双重循环,外循环的循环次数由(unsigned char delay)中的 delay 提供,总的循环次数是 125 乘以 1 000,循环体是空操作。

3. C 语言的基本结构

通过对 EX7_1.C 源程序的分析,我们可以了解到 C 语言的结构特点、基本组成和书写格式。C 语言程序以函数形式组织程序结构,C 程序中的函数与其他语言中所描述的"子程序"或"过程"的概念是一样的。C 程序的结构如图 7-2 所示。

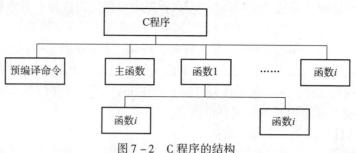

图 7-2 C 程序的结构

一个 C 语言源程序是由一个或若干个函数组成的,每一个函数完成相对独立的功能。每个 C 程序都必须有(且仅有)一个主函数 main(),程序的执行总是从主函数开始,再调用其他函数后返回主函数 main(),不管函数的排列顺序如何,最后在主函数结束整个程序。

一个函数由两部分组成:函数定义和函数体。

(1) 函数定义。

函数定义部分包括函数名、函数类型、函数属性、函数参数(形式参数)名、参数类型等。对于 main() 函数来说,main 是函数名,函数名前面的 void 说明函数的类型(空类型,表示没有返回值),函数名后面必须跟一对圆括号,里面是函数的形式参数定义,这里的 main() 函数没有形式参数。函数的类型是指函数返回值的类型。如果函数的类型是 int 型,可以不写 int,int 为默认的函数返回值类型;如果函数没有返回值,应该将函数类型定义为 void 型(空类型)。

由 C 语言编译器提供的函数一般称为标准函数,用户根据自己的需要编写的函数(如本例中的 delay() 函数)称为自定义函数,调用标准函数前,必须先在程序开始用文件包命令"#include"将包含该标准函数说明的头文件包含进来。

C 语言区分大小写,例如:变量 i 和变量 I 表示不同的变量。

(2) 函数体。

main() 函数后面一堆大括号内的部分称为函数体,函数体由定义数据类型的说明部分和实现函数功能的执行部分组成。

对于 EX7_1. C 源程序中的延时函数 delay(),第 8 行是函数定义部分:

`void delay (unsigned char delay)`

定义该函数名称为 delay,函数类型为 void,形式参数为无符号字符型变量 delay。

第 9~13 行是 delay 函数的函数体。

C 语言程序中可以有预处理命令,例如 EX7_1. C 中的 "#include <reg51.h>" 预处理命令通常放在源程序的最前面。

C 语言程序使用";"作为语句的结束符,一条语句可以多行书写,也可以一行书写多条语句。

4. C 语言的基本语句

C 语言程序的执行部分由语句组成。C 语言提供了丰富的程序控制语句,按照结构化程序设计的基本结构,可分为顺序结构、选择结构和循环结构,由它们组成各种复杂程序。这些语句主要包括表达式语句、复合语句、选择语句和循环语句等,其基本结构组成如图 7-

3 所示。本任务介绍 C 语言基本控制语句的格式及应用,使同学们对 C 语言中常见的控制语句有一个初步的认识。

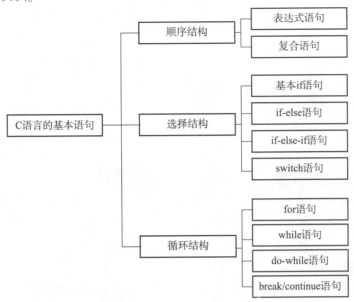

图 7-3 C 语言的基本结构组成

(1) 表达式语句和复合语句。

①表达式语句。

表达式语句是最基本的 C 语言语句。表达式语句由表达式加上分号";"组成,其一般形式如下:

表达式;

执行表达式语句就是计算表达式的值。例如:

```
P1 = 0x00;      //赋值语句,将 P1 口的 8 位引脚清零
P1_0 = i;       //赋值语句,将位变量 ID 值送至 P1.0 引脚
x = y + z;      //y 和 z 进行加法运算后赋给变量 x
i ++;           //自增 1 语句,i 增加 1 后,再赋给变量 i
```

在 C 语言中有一个特殊的表达式语句,称为空语句。空语句中只有一个分号";",程序执行空语句时需要占用一条指令的执行时间,但是什么也不做。在 C51 程序中常常把空语句作为循环体,用于消耗 CPU 时间等待事件发生的场合。例如,delay() 延时函数中,有下面语句:

```
for(k = 0;k < i;k ++);
for(j = 0;j < 255;j ++);
```

上面的 for 语句后面的 ";" 是一条空语句,作为循环体出现。

②复合语句。

把多个语句用大括号"{}"括起来,组合在一起形成具有一定功能的模块,这种由若

干条语句组合而成的语句块称为复合语句。在程序中应把复合语句看成是单条语句，而不是多条语句。

复合语句在程序运行时，"{ }"中的各行语句是依次执行的。在 C 语言中的函数，函数体就是一个复合语句，例如程序 EX7_1.C 的主函数中包含嵌套复合语句：

```
void main()
{                    //函数体复合语句开始
    for(; ;)         //for 循环体的复合语句开始
    {
        P1_0 = !P1_0;
        delay(1000);
    }                //for 循环体的复合语句结束
}                    //函数体复合语句结束
```

在上面的这段程序中，组成函数体的复合语句内还嵌套了组成 for 循环体的复合语句。复合语句允许嵌套，也就是在"{ }"中的"{ }"也是复合语句。

复合语句内的各条语句都必须以分号";"结尾，复合语句之间用"{ }"分隔，在括号"}"外，不能加分号。

复合语句不仅可由可执行语句组成，还可由变量定义语句组成。在复合语句中所定义的变量，称为局部变量，它的有效范围只在复合语句中。函数体是复合语句，所以函数体内定义的变量，其有效范围也只在函数内部。

(2) 选择语句。

处理实际问题时总是伴随着逻辑判断或条件选择，程序设计时就要根据给定的条件进行判断，并根据判断结果选择应执行的操作的程序，称为选择结构程序。

在 C 语言中，选择结构程序设计一般用 if 语句或 switch 语句来实现。if 语句又有 if、if - else 和 if - else - if 三种不同的形式，下面分别进行介绍。

①基本 if 语句。

基本 if 语句的格式如下：

```
if(表达式)
{
语句组;
}
```

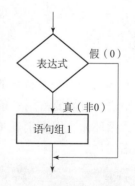

图 7 - 4 基本 if 语句执行过程

if 语句的执行过程：当"表达式"的结果为"真"时，执行其后的"语句组"，否则跳过该"语句组"，继续执行下面的语句。例如"if (P3_0 == 0) P1_0 = 0;"，当 P3_0 等于 0 时，P1_0 就被赋值 0，执行过程如图 7 - 4 所示。

if 语句中的"表达式"通常为逻辑表达式或关系表达式，也可以是任何其他的表达式或类型数据，只要表达式的值非 0 即为"真"。以下语句都是合法的：

```
if(3){……}
if(x=8){……}
if(P3_0){……}
```

在 if 语句中,"表达式"必须用括号括起来。大括号"{}"里面的语句组如果只有一条语句,可以省略大括号。如"if(P3_0==0) P1_0=0;"语句。但是为了提高程序的可读性和防止程序书写错误,建议同学们在任何情况下,都加上大括号。

②if-else 语句。

if-else 语句的一般格式如下:

```
if(表达式)
{
语句组1;
}
else
{
语句组2;
}
```

if-else 语句的执行过程:当"表达式"的结果为"真"时,执行其后"语句组1",否则执行"语句组2",执行过程如图 7-5 所示。

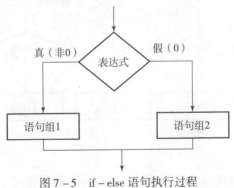

图 7-5　if-else 语句执行过程

③if-else-if 语句。

if-else-if 语句是由 if-else 语句组成的嵌套,用于实现多个条件分支的选择,其一般格式如下:

```
if(表达式1)
{
语句组1;
}
else if(表达式2)
{
语句组2;
```

```
}
......
else if(表达式 n)
{
语句组 n;
}
else
{
语句组 n+1;
}
```

执行该语句时,依次判断"表达式 i"的值,当"表达式 i"的值为"真"时,执行其对应的"语句组 i",跳过剩余的 if 语句组,继续执行该语句下面的一个语句。如果所有表达式的值均为"假",则执行最后一个 else 后的"语句组 n+1",然后再继续执行其下面的一个语句,执行过程如图 7-6 所示。

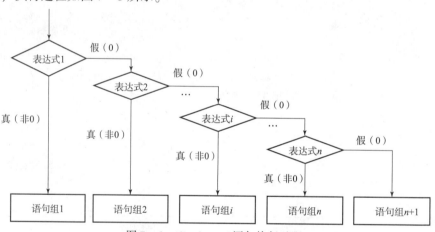

图 7-6 if-else-if 语句执行过程

④switch 语句。

if 语句一般用作单一条件或分支数目较少的场合,如果使用 if 语句来编写超过 3 个以上分支的程序,就会降低程序的可读性。C 语言提供了一种用于多分支选择的 switch 语句,其一般形式如下:

```
switch(表达式)
{
 case 常量表达式 1:语句组 1;break;
 case 常量表达式 2:语句组 2;break;
 ......
 case 常量表达式 n:语句组 n;break;
 default:语句组 n+1;
}
```

该语句的执行过程是：首先计算"表达式"的值，并逐个与case后的"常量表达式"的值相比较，当"表达式"的值与某个"常量表达式"的值相等时，则执行对应该常量表达式后的语句组，再执行break语句，跳出switch语句的执行，继续执行下一条语句。如果"表达式"的值与所有case后的"常量表达式"均不相同，则执行default后的语句组。

(3) 循环语句。

在结构化程序设计中，循环程序结构是一种很重要的程序结构，几乎所有的应用程序都包含循环结构。

循环程序的作用是：对给定的条件进行判断，当给定的条件成立时，重复执行给定的程序段，直到条件不成立时为止。给定的条件称为循环条件，需要重复执行的程序段称为循环体。

前面介绍的delay()函数中使用了双重for循环，其循环体为空语句，用来消耗CPU时间来产生延时效果，这种延时方法称为软件延时。软件延时的缺点是占用CPU时间，使得CPU在延时过程中不能做其他事情。解决方法是使用单片机中的硬件定时器实现延时功能。

在C语言中，可以用下面3个语句来实现循环程序结构：while语句、do-while语句和for语句，下面分别对它们加以介绍。

C语言基本语句语法

①while语句。

while语句用来实现"当型"循环结构，即当条件为"真"时，就执行循环体。while语句一般形式为：

```
while(表达式)
{
    语句组;        //循环体
}
```

其中，"表达式"通常是逻辑表达式或关系表达式，为循环条件，"语句组"是循环体，即被重复执行的程序段。该语句的执行过程是：首先计算"表达式"的值，当值为"真"（非0）时，执行循环体"语句组"，流程图如图7-7所示。

在循环程序设计中，要特别注意循环的边界问题，即循环的初值和终值要非常明确。例如：下面的程序段是求整数1~100的累加和，变量i的取值范围为1~100，所以，初值设为1，while语句的条件"i<=100"，符号"<="为关系运算符"小于等于"。

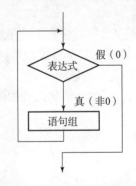

图7-7 while语句执行流程

```
main()
{
    int i,sum;
```

```
i = 1;                    // 循环控制变量 i 初始值为1
sum = 0;                  // 累加和变量 sum 初始值为0
while(i <= 100)
{
    sum = sum + i;        // 累加和
    i ++;                 // i 增加1,修改循环控制变量
}
```

需要注意的是,在使用 while 语句时,当表达式的值为"真"时,执行循环体,循环体执行一次完成后,再次回到 while,进行循环条件判断,如果仍然为"真",则重复执行循环体,为"假"时则退出整个 while 循环语句。如果循环条件一开始就为假,那么 while 后面的循环体一次都不会被执行。如果循环条件总为真,例如:while(1),表达式为常量"1",非0即为"真",循环条件永远成立,则为无限循环,即死循环。在单片机 C 语言程序设计中,无限循环是一个非常有用的语句,在本项目所有程序示例中都使用了该语句。除非特殊应用的情况,在使用 while 语句进行循环程序设计时,通常循环体内包含修改循环条件的语句,以使循环逐渐趋于结束,避免出现死循环。

②do – while 语句。

前面所述的 while 语句是在执行循环体之前判断循环条件,如果条件不成立,则该循环不会被执行。实际情况往往需要先执行一次循环体后,再进行循环条件的判断,"直到型"do – while 语句可以满足这种要求。

do – while 语句的一般格式如下:

```
do
{
    语句组;                // 循环体
}while(表达式);
```

该语句的执行过程是:先执行循环体"语句组"一次,再计算"表达式"的值,如果"表达式"的值为"真"(非0),仅需执行循环体"语句组",直到表达式为"假"(0)为止。do – while 语句流程如图 7 – 8 所示。

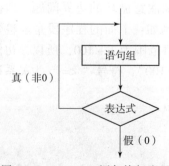

图 7 – 8 do – while 语句执行流程

用 do – while 语句实现无限循环的语句如下:

```
do
{
;
}while(1);
```

用 do – while 语句求 1~100 的累加和,程序如下:

```
main()
{
int i =1;                    //循环控制变量 i 初始值为 1
int sum =0;                  //累加和变量 sum 初始值为 0
do
{
sum = sum + i;               //累加和
i ++;                        //i 增加 1,修改循环控制变量
}while(i <=100);
}
```

同样一个问题,既可用 while 语句,也可以用 do – while 语句来实现,二者的循环体"语句组"部分相同,运行结果也相同。区别在于:do – while 语句是先执行、后判断,而 while 语句是先判断、后执行。如果条件一开始就不满足,do – while 语句至少要执行一次循环体,而 while 语句的循环体则一次也不执行。

在使用 if 语句、while 语句时,表达式括号后面都不能加分号";",但在 do – while 语句的表达式括号后面必须加分号。

do – while 语句与 while 语句相比,更适用于处理不论条件是否成立,都需先执行一次循环体的情况。

③for 语句。

在函数 delay() 中,我们使用两个 for 语句,实现了双重循环,重复执行若干次空语句循环体,以达到延时的目的。在 C 语言中,当循环次数明确的时候,使用 for 语句比 while 和 do – while 语句更为方便。for 语句的一般格式如下:

```
for(循环变量赋初值;循环条件;修改循环变量)
{
语句组;           //循环体
}
```

关键字 for 后面的圆括号内通常包括 3 个表达式:循环变量赋初值、循环条件和修改循环变量,三个表达式之间用";"隔开。大括号内是循环体"语句组"。

for 语句执行流程图如图 7 – 9 所示。

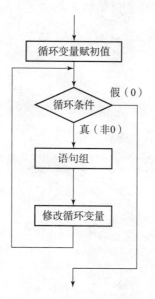

图 7-9 for 语句执行过程

for 语句的执行过程如下：
(1) 先执行第一个表达式，给循环变量赋初值，通常这里是一个赋值表达式。
(2) 利用第二个表达式判断循环条件是否满足，通常是关系表达式或逻辑表达式，若其值为"真"（非0），则执行循环体"语句组"一次，再执行下面步骤（3）；若其值为"假"（0），则转到步骤（5）循环结束。
(3) 计算第三个表达式，修改循环控制变量，一般也是赋值语句。
(4) 跳到上面步骤（2）继续执行。
(5) 循环结束，执行 for 语句下面的一个语句。
用 for 语句求 1~100 累加和，程序如下：

```
main()
{
  int i;
  int sum = 0;                    //累加和变量 sum 初始值为 0
  for(i = 1;i <= 100;i ++)
  {
    sum = sum + i;
  }
}
```

上面 for 语句的执行过程如下：先给 i 赋初值 1，判断是否小于等于 100，若是，则执行循环体"sum = sum + i;"语句一次，然后 i 增加 1，再重新判断，直到 i = 101 时，条件 i ≤ 100 不成立，循环结束。该语句相当于如下 while 语句：

```
i = 1;
while(i <= 100)
{
  sum = sum + 1;
  i ++;
}
```

因此，for 语句的一般形式也可以改写为：

```
表达式 1;              // 循环变量赋值
while(表达式 2)        // 循环条件判断
{
  语句组;              // 循环体
  表达式 3;            // 修改循环控制变量
}
```

比较 for 语句和 while 语句，显然用 for 语句更加简捷方便。

进行 C51 单片机应用程序设计时，无限循环也可以采用如下的 for 语句实现：

```
for( ; ; )
{
语句组;                // 循环体
}
```

此时，for 语句的小括号内只有两个分号，3 个表达式全部为空语句，意味着没有设初值，不判断循环条件，循环变量不改变，其作用相当于 while（1），构成一个无限循环过程。for 语句中的两条语句在一些情况下可以合并为一条语句，如下面的语句：

```
int sum = 0;                      // 累加和变量 sum 初始值为 0
for(i = 1; i <= 100; i ++){……}
```

可以合并为下一个语句：

```
for(sum = 0, i = 1; i <= 100; i ++){……}
```

赋初值表达式可以由多个表达式组成，用逗号隔开。

for 语句中的 3 个表达式都是可选项，即可以省略，但必须保留";"。

如果在 for 语句外已经给循环变量赋了初值，通常可以省去第一个表达式"循环变量赋初值"，例如：

```
int i = 1, sum = 0;
for( ; i <= 100; i ++)
{
sum = sum + 1;
}
```

如果省略第二个表达式"循环条件",则不进行循环结束条件的判断,循环将无休止执行下去而成为死循环,这时通常在循环体中设法结束循环。例如:

```
int i,sum=0;
for(i=1; ;i++)
{
if(i>100) break;         //当 i>100 时,结束 for 循环
sum=sum+i;
}
```

如果省略第三个表达式"修改循环变量",可在循环体语句组中加入修改循环控制变量的语句,保证程序能够正常结束。例如:

```
int i,sum=0;
for(i=1;i<=100; )
{
sum=sum+i;
i++;                     //循环变量 i=i+1
}
```

while、do-while 和 for 语句都可以用来处理相同的问题,一般可以互相代替。for 语句主要用于给定循环变量初值、循环次数明确的循环结构,而要在循环过程中才能确定循环次数及循环控制条件的问题用 while、do-while 语句更加方便。

④循环嵌套。

循环嵌套是指一个循环(称为"外循环")的循环体内包含另一个循环(称为"内循环")。内循环的循环体内还可以包含循环,形成多层循环。while、do-while 和 for 三种循环结构可以互相嵌套。

例如,延时函数 delay() 中使用了 for 循环语句,外循环的循环变量是 k,其循环又是以 j 为循环变量的 for 语句,这个 for 语句就是内循环。内循环体是一条空语句。

⑤在循环体中使用 break 和 continue 语句。

a. break 语句。

break 语句通常用在循环语句和 switch 语句中。

在 switch 语句中使用 break 语句时,程序跳出 switch 语句,继续执行其后面的语句。

当 break 语句用于 while、do-while、for 循环语句中时,不论循环条件是否满足,都可以使程序立即终止整个循环而执行后面的语句。通常 break 语句总是与 if 语句一起使用,即满足 if 语句中给出的条件时便跳出循环。

例如,执行如下程序段:

```
void main()
{
int i=0,sum;
sum=0;
```

```
for(i =1; ;i ++ )              //设置 for 循环
{
if ( i >10) break;             //判断条件是否满足,如果满足则退出循环
sum = sum + i;
}
}
```

需要注意的是,在循环结构程序中,既可以通过循环语句中的表达式来控制循环程序是否结束,也可以通过 break 语句强行退出循环结构。break 语句对 if – else 的条件语句不起作用。在循环嵌套中,一个 break 语句只能向外跳一层。

b. continue 语句。

continue 语句的作用是跳出循环体中剩余的语句,结束本次循环,强行执行下一次循环。它与 break 语句的不同之处是:break 语句是直接结束整个循环语句,而 continue 则是停止当前循环体的执行,跳过循环体中余下的语句,再次进入循环条件判断,准备继续开始下一次循环体的执行。

continue 语句只能用在 for、while、do – while 等循环体中,通常与 if 语句一起使用,用来加速循环结束。

continue 语句与 break 语句的区别如下,它们的执行过程如图 7 – 10 所示。

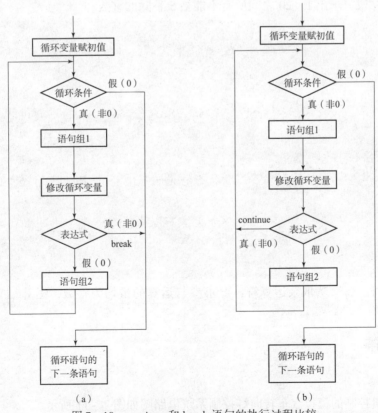

图 7 – 10 continue 和 break 语句的执行过程比较
(a) break 语句执行过程; (b) continue 语句执行过程

```
循环变量赋初值:
while(循环条件)
{......
语句组1;
修改循环变量;
if(表达式)break;
语句组2;
}
```

```
循环变量赋初值:
while(循环条件)
{......
语句组1;
修改循环变量;
if(表达式)continue;
语句组2;
}
```

下面的程序段将求出1~20之间所有不能被5整除的整数和。

```
void main()
{
int i,sum;
sum=0;
for(i=1;i<=20;i++)        //设置for循环
{
if(i%5==0)continue;       //若i对5取余运算,且结果为0,即被5整除,
                          //执行continue语句,跳过下面求和语句,程序
                          //继续执行for循环
sum=sum+i;                //如果i不能被5整除,则执行求和语句
}
}
```

算术运算符"%"为取余运算符,要求参与运算的量均为整数,运算结果等于两数相除之后的余数。

任务实施

1. 硬件电路设计

通过单片机控制的模拟汽车转向灯控制系统电路图如图7-11所示。

项目七 单片机C语言控制程序的编写——拓展训练

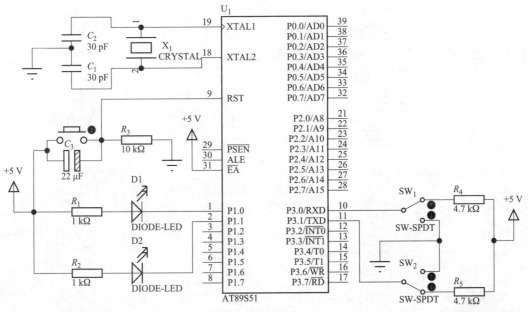

图 7-11 汽车转向灯控制系统

汽车转向灯控制系统任务实施过程

2. 参考程序

方案一：if–else–if 语句编译。

if–else–if 语句编译模拟汽车转向灯控制系统的源程序如下。

```
//程序:EX7_2.C
//功能:模拟汽车转向灯控制程序
#include <reg51.h>
sbit P1_0 = P1^0;                //定义 P1.0 引脚位名称为 P1_0
sbit P1_1 = P1^1;                //定义 P1.1 引脚位名称为 P1_1
sbit P3_0 = P3^0;                //定义 P3.0 引脚位名称为 P3_0
sbit P3_1 = P3^1;                //定义 P3.1 引脚位名称为 P3_1
void delay(unsigned char i);     //延时函数声明
void main( )                     //主函数
{
while(1)                         //while 循环
{
if(P3_0 ==0&&P3_1 ==0)           //如果 P3.0 和 P3.1 状态都为"0"
{
P1_0 = 0;                        //则点亮左转向灯和右转向灯
P1_1 = 0;
delay(200);
}
```

173

```
        else if(P3_0 ==0)              //如果 P3.0(左转向灯)状态为"0"
        {
        P1_0 =0;                       //则点亮左转向灯
        delay(200);
        }
        else if(P3_1 ==0)              //如果 P3.1(右转向灯)状态为"0"
        {
        P1_1 =0;                       //则点亮右转向灯
        delay(200);
        }
        else
        {
        ;                              //空语句
        }
        P1_0 =1;                       //左转向灯回到熄灭状态
        P1_1 =1;                       //右转向灯回到熄灭状态
        delay(200);
        }
        }
        void delay(unsigned char i)    //延时函数参见 EX7_1.C 中的延时函数
```

bit、sbit、sfr 和 sfr16 是专门用于 MCS-51 系列单片机硬件和 C51 编译器的数据类型，用于访问 MCS-51 的特殊功能寄存器，并不是标准 C 语言的一部分。

在程序中通过 sbit 定义可位寻址变量，实现访问芯片内部 RAM 中的可寻址位或特殊功能寄存器中的可寻址位。P1 端口的寄存器是可位寻址的，所以我们可以定义：

```
        sbit P1_0 = P1^0;
```

定义可位寻址变量 P1_0 对应 P1 口的 P1.0 位，我们也可以用 P1.0 位的位地址来进行定义，如：

```
        sbit P1_0 = 0x90;
```

这样在后面的程序中就可以用 P1_0 来对 P1.0 位进行读写操作了。

程序中 while 语句的"表达式"为常数 1，表示"真"，即循环条件永远成立，不断重复执行，是无限循环。在单片机 C 语言程序设计中，无限循环是经常使用的语句。

重复执行某一程序段的程序结构称为循环结构。延时函数 delay() 就是循环结构程序，采用双循环，重复执行 $255 \times i$ 次的操作，其流程如图 7-12 所示。

可以看到，在 EX7_2.C 中使用了如下 if 条件语句：

```
        if(P3_0 ==0)                   //如果 P3.0(左转向灯)状态为"0",则点亮左转向灯
        {
        P1_0 =0;
        delay(200)
        }
```

执行这条语句时,先判断表达式"P3_0 ==0"是否成立,即读取 P3_0 引脚的状态,并判断其是否为"0",如果条件满足,则点亮左转向灯,执行语句"P1_0 =0;";如果条件不满足,则不做任何事情,继续执行下一条语句。

表达式"P3_0 ==0"中的运算符"=="为"相等"关系运算符,当"=="左右两边的值相等时,该关系表达式的值为"真",否则为"假"。

表达式"P3_0 ==0&&P3_1 ==0"是由两个关系表达式"P3_0 ==0"和"P3_1 ==0"组成的逻辑表达式,其中符号"&&"是逻辑运算符,其运算规则是:当且仅当左右两边的值都为"真"时,运算结果为"真",否则为"假"。在该表达式中,当且仅当 P3_0 和 P3_1 都为"0"时,该表达式的值为"真",否则为"假"。

方案二:switch 语句编译。

switch 语句编译模拟汽车转向灯控制系统的源程序如下:

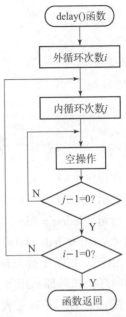

图 7-12 延时函数流程

```
//程序:EX7_3.C
//功能:模拟汽车转向灯控制程序
#include <reg51.h>
sbit P1_0 = P1^0;
sbit P1_1 = P1^1;
void delay(unsigned char i);   //延时函数声明
void main( )                    //主函数
{
unsigned char ledctr;           //定义转向灯控制变量 ledctr
P3 =0xff;                       //P3 口作为输入口,必须先全置"1"
while(1)
{
ledctr = P3;                    //将 P3 端口的状态送到 ledctr
ledctr = ledctr&0x03;           //与操作,屏蔽掉高 6 位无关位,取出 P3.0 和 P3.1
                                //引脚的状态(0x03 即二进制数 00000011B)
switch(ledctr)
{
case 0:P1_0 =0;P1_1 =0;break;   //如 P3.0、P3.1 都为"0"则点亮左、右转向灯
case 1:P1_1 =0;break;           //如果 P3.1(右转向灯)为"0"则点亮右转向灯
case 2:P1_0 =0;break;           //如果 P3.0(左转向灯)为"0"则点亮左转向灯
default: ;                      //空语句,什么都不做
}
```

```
        delay(200);                        //延时
        P1_0 =1;                           //左转向灯回到熄灭状态
        P1_1 =1;                           //右转向灯回到熄灭状态
        delay(200);                        //延时
    }
}
void delay(unsigned char i);//延时函数参见 EX7_1.C 中的延时函数
```

在程序 EX7_3.C 中，定义了一个无符号字符型变量 ledctr，长度是 1 字节，其最低两位用来表示 P3.0 和 P3.1 引脚对左、右转向灯的控制状态。

语句"ledctr = P3；"将 P3 口的 8 个引脚状态保存到变量 ledctr 中，再执行"与"操作语句"ledctr = ledctr&0x03；"，把无关位清零，一般称为屏蔽。然后，采用"switch（ledctr）"语句，判断变量 ledctr 的值与哪一个 case 语句中的常量表达式的值相等，便点亮相应的转向灯；如果都不相等，则执行 default 后面的空语句。

在 case 后的各常量表达式的值不能相同，否则会出现同一个条件有多种执行方案的矛盾。在 case 语句后，允许有多个语句，可以不用"{}"括起来。例如：

```
case 0:P1_0 =0;P1_1 =0;break;
```

case 和 default 语句的先后顺序可以改变，不会影响程序的执行结果。"case 常量表达式"只相当于一个语句标号，表达式的值和某标号相等则转向该标号执行，但在执行完毕该标号后面的语句后，不会自动跳出整个 switch 语句，而是继续执行后面的 case 语句。因此，使用 switch 语句时，要在每一个 case 语句后面，加 break 语句，使得执行完该 case 语句后可以跳出整个 switch 语句的执行。default 语句是在不满足 case 语句情况下的一个默认执行语句。如果 default 语句后面是空语句，表示不做任何处理，可以省略。在 EX7_3.C 中，就可以省略 default 语句。

3. 程序调试

对各种方案的源程序分别进行编译、链接后，生成二进制代码文件 X.hex。将二进制代码文件 X.hex 直接下载到单片机的程序存储器中，从而通过 P3.0 和 P3.1 的引脚开关控制 P1.0 和 P1.1 引脚的 LED 发光二极管动作。

接通电路板电源，当开关 SW_1 处于"↑"位置，开关 SW_2 处于"↓"位置时，左右转向灯均为熄灭状态，汽车直行；当汽车需要左转时，将开关 SW_1 拨向位置"↓"，左转向灯闪烁；当汽车需要右转时，将开关 SW_2 拨向位置"↑"，右转向灯闪烁；如果汽车出现故障需要打开警示灯，将 SW_1 处于"↓"位置，开关 SW_2 处于"↑"位置，此时左、右转向灯均为闪烁状态。

任务总结

通过制作汽车转向灯，让同学们对 C 语言的结构和基本的语句有一个初步的了解和直观的认识，并对 C 语言编译单片机的特点加深了解。

任务二　霓虹灯 C 语言程序控制

【任务描述】

通过 8 只 LED 发光二极管顺序点亮的霓虹灯控制系统，要求 P1 口控制的 8 只发光二极管，按照一定的规律点亮和熄灭，再从头开始，循环不止，产生一种动态显示效果。通过霓虹灯的设计与制作，了解 C 语言的数据类型、常量与变量、运算符和表达式等基本概念及使用方法。

【任务分析】

当 P1 口的某个引脚为低电平"0"时，对应的发光二极管点亮；当 P1 口的某个引脚为高电平状态"1"时，对应的发光二极管熄灭。若要实现任务要求，需向 P1 口一次传送数据，如表 7-3 所示。

表 7-3　P1 口引脚的电平状态

显示状态	引脚输出数据								P1 口输出数据
	P1.7	P1.6	P1.5	P1.4	P1.3	P1.2	P1.1	P1.0	
复位状态（全灭）	1	1	1	1	1	1	1	1	0FFH
状态 1（LED1 亮）	1	1	1	1	1	1	1	0	0FEH
状态 2（LED2 亮）	1	1	1	1	1	1	0	1	0FDH
状态 3（LED3 亮）	1	1	1	1	1	0	1	1	0FBH
状态 4（LED4 亮）	1	1	1	1	0	1	1	1	0F7H
状态 5（LED5 亮）	1	1	1	0	1	1	1	1	0EFH
状态 6（LED6 亮）	1	1	0	1	1	1	1	1	0DFH
状态 7（LED7 亮）	1	0	1	1	1	1	1	1	0BFH
状态 8（LED1 亮）	0	1	1	1	1	1	1	1	7FH

【知识准备】

C51 是一种专门为 MCS-51 系列单片机设计的 C 语言编译器，支持 ANSI 标准的 C 语言程序设计，同时根据 8051 单片机的特点做了一些特殊扩展。C51 编译器把数据分成了多种数据类型，并提供了丰富的运算符进行数据处理，数据类型、运算符和表达式是 S51 单片机应用程序设计的基础。C 语言的数据与运算如图 7-13 所示。

C 语言编程及实训

(1) 数据类型。

数据是计算机操作的对象，任何程序设计都要进行数据处理。具有一定格式的数字或数值称为数据，数据的不同格式称为数据类型。

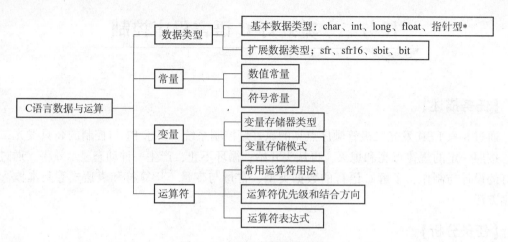

图7-13 C语言数据与运算

在C语言中,数据类型可分为:基本类型、构造类型、指针类型、空类型四大类,如图7-14所示。

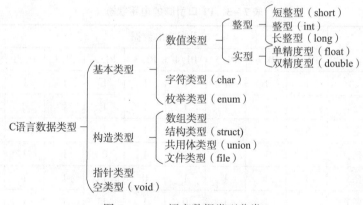

图7-14 C语言数据类型分类

在进行S51单片机程序设计时,支持的数据类型与编译器有关。在C51编译器中整型(int)和短整型(short)相同,单精度浮点型(float)和双精度浮点型(double)相同。表7-4列出了Keil μVision3 C51编译器所支持的数据类型。

表7-4 Keil μVision3 C51编译器所支持的数据类型

数据类型	名称	长度	值域
unsigned char	无符号字符型	1 B	0 ~ 255
signed char	有符号字符型	1 B	-128 ~ +127
unsigned int	无符号整型	2 B	0 ~ 65 535
signed int	有符号整型	2 B	-32 768 ~ +32 767
unsigned long	无符号长整型	4 B	0 ~ 4 294 967 295
signed long	有符号长整型	4 B	-2 147 483 648 ~ +2 147 483 647
float	浮点型	4 B	±1.175 494 E -38 ~ ±3.402 823 E +38

续表

数据类型	名称	长度	值域
*	指针型	1~3 B	对象的地址
bit	位类型	1 bit	0 或 1
sfr	特殊功能寄存器	1 B	0~255
sfr16	16 位特殊功能寄存器	2 B	0~65 535
sbit	可寻址位	1 bit	0 或 1

注：数据类型中灰色部分为 C51 扩充数据类型。

①字符类型 char。

char 类型的数据长度占 1 B（字节），通常用于定义处理字符数据的变量或常量，分为无符号字符类型（unsigned char）和有符号字符类型（signed char），默认为 signed char 类型。

unsigned char 类型为单字节数据，用字节中所有的位来表示数值，可以表达数值范围是 0~255。signed char 类型用字节中最高位表示数据的符号，"0"表示正数，"1"表示负数，负数用补码表示，所能表示的数值范围是 -128~+127。

在单片机的 C 语言程序设计中，unsigned char 经常用于处理 ASCII 字符或用于处理小于等于 255 的整型数，是使用最为广泛的数据类型。

②整型 int。

int 整型数据长度占 2B，用于存放一个双字节数据，分为有符号整型（signed int）和无符号整型（unsigned int），默认为 signed int 类型。

unsigned int 表示的数值范围是 0~65 535。signed int 表示的数值范围是 -32 768~+32 767，字节中最高位表示数据的符号，"0"表示正数，"1"表示负数，负数用补码表示。

我们将延时函数 delay() 中的形式参数 i，变量 k、j，由 unsigned char 字符型修改为 unsigned int 整型，修改后的延时函数如下：

```
void delay(unsigned int i)        //延时函数
{
 unsigned int j,k;
 for(k =0;k < i;k ++ )
  for(j =0;j <255;j ++ );
}
```

此时，在主函数中调用 delay() 函数，实际参数的取值范围为 0~65 535。如果给定实际参数为 500，可以发现流水灯移动的速度明显变慢了，原因是延时函数中的循环次数增加了，从而延时时间更长了。

在程序中使用变量时，要注意不能使该变量的值超过其数据类型的值域。如在上面例子中将变量 i、j 定义为 unsigned char 类型，则 i、j 就只能在 0~255 内取值，因此调用 delay(500) 就不能达到预期的延时效果。

③长整型 long。

long 长整型数据长度为 4 B，用于存放一个 4 字节数据，分为有符号长整型（signed long）和无符号长整型（unsigned long）两种，默认为 signed long 类型。unsigned long 表示的数值范围为 0~4 294 967 295。signed long 表示的数值范围为 -2 147 483 648~+2 147 483 647，字节中最高位表示数据的符号，"0"表示正数，"1"表示负数，负数用补码表示。

④浮点型 float。

float 浮点型数据长度为 32 bit，占用 4 B。许多复杂的数学表达式都采用浮点数据类型。它用符号位表示数的符号，用阶码与尾数表示数的大小。采用浮点型数据进行任何数据运算时，需要使用由编译器决定的各种不同效率等级的标准函数。C51 浮点变量数据类型的使用格式符合 IEEE-754 标准的单精度浮点型数据。

⑤指针型 *。

指针型 * 本身就是一个变量，在这个变量中存放的内容是指向另一个数据的地址。指针变量占据一定的内存单元，对不同的处理器，其长度也不同。在 C51 中它的长度一般为 1~3 B。

⑥位类型 bit。

位类型 bit 是 C51 编译器的一种扩充数据类型，利用它可定义一个位类型变量，但不能定义位指针，也不能定义位数组。它的值是一个二进制位，只有"0"和"1"，与某些高级语言的 boolean 类型数据 True 和 False 类似。

⑦特殊功能寄存器 sfr。

MCS-51 系列单片机内部定义了 21 个特殊功能寄存器，它们不连续地分布在片内 RAM 的高 128 B 中，地址为 80H~0FFH。

sfr 也是 C51 扩展的一种数据类型，占用 1 B，值域为 0~255。利用它可以访问单片机内部的所有 8 位特殊功能寄存器。例如：

```
sfr P0 = 0x80;      //定义 P0 为 P0 端口在片内的寄存器,P0 端口地址为 80H
sfr P1 = 0x90;      //定义 P1 为 P1 端口在片内的寄存器,P1 端口地址为 90H
```

对 sfr 操作，只能用直接寻址方式，用 sfr 定义特殊功能寄存器地址的格式为：

```
sfr 特殊功能寄存器名 = 特殊功能寄存器地址;
```

例如：

```
sfr PSW = 0xd0;
sfr ACC = 0xe0;
sfr B = 0xf0;
```

在关键字 sfr 后面必须跟一个标识符作为寄存器名，名字可任意选取。等号后面寄存器的地址，必须为 80H~0FFH 之间的常数，不允许为带运算符的表达式。

⑧16 位特殊功能寄存器 sfr16。

在新一代的 MCS-51 系列单片机中，特殊功能寄存器经常组合成 16 位来使用。采用 sfr16 可以定义这种 16 位的特殊功能寄存器。sfr16 也是 C51 扩充的数据类型，占用 2 B，值域为 0~65 535。

sfr16 和 sfr 一样用于定义特殊功能寄存器，所不同的是它用于定义 2 B 的寄存器。如 8052 定时器 T2，使用地址 0xCC 和 0xCD 作为低字节和高字节，可以用如下方式定义：

```
sfr16 T2 = 0xCC;      //这里定义8052定时器2,地址为T2L=CCH,T2H=CDH
```

采用 sfr16 定义 16 位特殊功能寄存器时，2 B 地址必须是连续的，并且低字节地址在前，定义时等号后面是它的低字节地址。使用时，把低字节地址作为整个 sfr16 地址。这里要注意的是，不能用于定时器 0 和 1 的定义。

⑨可寻址位 sbit。

sbit 类型也是 C51 的一种扩充数据类型，利用它可以访问芯片内部 RAM 中的可寻址位或特殊功能寄存器中的可寻址位。有 11 个特殊功能寄存器具有位可寻址功能，它们的字节地址都能被 8 整除，即以十六进制表示的字节地址以 8 或 0 为尾数。

例如，在前面的示例程序中我们定义了如下语句：

```
sbit P1_1 = P1^1;     //P1_1 表示 P1 中的 P1.1 引脚
sbit P1_1 = 0x91;     //也可以用 P1.1 的位地址来定义
```

这样在后面的程序中就可以用 P1_1 来对 P1.1 引脚进行读写操作了。

sbit 定义的格式如下：

```
sbit 位名称 = 位寻址;
```

例如，可定义如下语句：

```
sbit CY = 0xd7;
sbit AC = 0xd6;
sbit F0 = 0xd5;
```

也可以写成：

```
sbit CY = 0xd0^7;
sbit AC = 0xd0^6;
sbit F0 = 0xd0^5;
```

如果在前面已定义了特殊功能寄存器 PSW，那么上面的语句也可以写成：

```
sbit CY = PSW^7;
sbit AC = PSW ^6;
sbit F0 = PSW ^5;
```

单片机程序中处理的数据有常量和变量两种形式，二者的区别在于：常量的值在程序执行期间是不能发生变化的，而变量的值在程序执行期间可以发生变化。

通常在 C51 编译器提供的预处理文件中已定义好特殊功能寄存器的名字（通常与在汇编语言中使用的名字相同），在 C51 程序设计中，编程员可以把"reg51.h"头文件包含在自己的程序中，直接使用已定义好的寄存器名称和位名称；也可以在自己的程序中利用关键字 sfr 和 sbit 来自行定义这些特殊功能寄存器和可寻址位名称。

(2) 常量和变量。

①常量。

常量是指在程序执行期间其值固定、不能被改变的量。常量的数据类型有整型、浮点型、字符型、字符串型和位类型。

整型常量可以表示为十进制数、十六进制数或八进制数等，例如：十进制数 12、-60 等，十六进制数以 0x 开头，如 0x14、-0x1B 等；八进制数以字母 o 开头，如 o14、o17 等。

若要表示长整型，就在数字后面加字母 L，如 104L、034L、0xF340L 等。

浮点型常量可分为十进制表示形式和指数表示形式两种，如 0.888、3345.345、125e3、-3.0e-3。

字符型常量是用单引号括起来的单一字符，如 'a'、'9' 等。单引号是字符常量的定界符，不是字符常量的一部分，且单引号中的字符不能是单引号本身或者反斜杠，即 ''' 或 '\' 都是不可以的。要表示单引号或反斜杠，可以在该字符前面加一个反斜杠 '\'，组成专用转义字符，如 '\'' 表示单引号字符，而 '\\' 表示反斜杠字符。

字符串型常量是用双引号括起来的一串字符，如 "test"、"OK" 等。字符串是由多个字符连接起来组成的，在 C 语言中存储字符串时系统会自动在字符串尾部加上 "\0" 转义字符以作为该字符串的结束符。因此，字符常量 "A" 其实包含两个字符：字符 'A' 和字符 "\0"，在存储时多占用 1 B，这是和字符常量 'A' 不同的。当引号内没有字符时，如 " "，表示为空字符串。同样，双引号是字符串常量的定界符，不是字符串常量的一部分。如果要在字符串常量中表示双引号，同样要使用转义符 "\"。

位类型的值是一个二进制数，如 "1" 或 "0"。常量可以是数值型常量，也可以是符号常量。数值型常量就是常说的常数，如 14、26.5、o34、0x23、'A'、"Good!" 等，数值型常量不用说明就可以直接使用。符号常量是指在程序中用标识符来代表的常量。符号常量在使用之前必须用编译预处理命令 "#define" 先进行定义。例如：

#define PI 3.1415　　//用符号常量 PI 表示数值 3.1415

在此语句后面的程序代码中，凡是出现标识符 PI 的地方，均用 3.141 5 来代替。

②变量。

变量是一种在程序执行过程中其值能不断变化的量。

一个变量由变量名和变量值组成，变量名是存储单元地址的符号表示，而变量的值就是该单元存放的内容。

变量必须先定义、后使用，用标识符作为变量名，并指出所用的数据类型和存储模式，这样编译系统才能为变量分配相应的存储空间。变量的定义格式如下：

[存储种类] 数据类型 [存储器类型] 变量名表；

其中，"数据类型" 和 "变量名表" 是必要的，"存储种类" 和 "存储器类型" 是可选项。

存储种类有四种：auto（自动变量）、extern（外部变量）、static（静态变量）和 register（寄存器变量）。默认类型为 auto（自动变量）。存储器类型是指该变量在 MCS-51 硬件系统中所使用的存储区域，并在编译时准确的定位，下面分别对它们进行介绍。

③变量存储种类。

变量的存储方式可分为静态存储和动态存储两大类，静态存储变量通常在变量定义时就分配存储单元并一直保持不变，直至整个程序结束。动态存储变量在程序执行过程中使用时才分配存储单元，使用完毕立即释放。

因此，静态存储变量是一直存在的，而动态存储变量则时而存在、时而消失。

a. auto（自动变量）。

auto（自动变量）是 C 语言中使用最广泛的一种类型。C 语言规定，在函数内，凡未加存储种类说明的变量均视为自动变量。前面的程序中所定义的变量，凡未加存储种类说明符的都是自动变量。自动变量的作用域仅限于定义该变量的个体内，即在函数中定义的自动变量，只有在该函数内有效；在复合语句中定义的自动变量只在该复合语句中有效。

自动变量属于动态存储方式，只有在定义该变量的函数被调用时，才给它分配存储单元，函数调用结束后，释放存储单元，自动变量的值不能保留。

因此，不同的函数内允许使用同名的变量而不会混淆。

b. extern（外部变量）。

使用存储种类说明符 extern 定义的变量称为外部变量。凡是在所有函数之前，在函数外部定义的变量都是外部变量，可以默认有 extern 说明符。但是，在一个函数体内说明一个已在该函数体外或别的程序模块文件中定义过的外部变量时，则必须使用 extern 说明符。

C 语言允许将大型程序分解为若干个独立的程序模块文件，各个模块可以分别进行编译，然后将它们链接在一起。在这种情况下，如果某个变量需要在所有程序模块文件中使用，只要在一个程序模块文件中将该变量定义成全局变量，而在其他程序模块文件中用 extern 说明该变量是已被定义过的外部变量就可以了。

同样，函数也可以定义成一个外部函数供其他程序模块文件调用。

c. static（静态变量）。

静态变量的种类说明符是 static。静态变量属于静态存储方式，但是属于静态存储方式的变量不一定就是静态变量。例如，外部变量虽属于静态存储方式，但不一定是静态变量，必须由 static 加以定义后才能成为静态外部变量，或称静态全局变量。在一个函数内定义的静态变量称为静态局部变量。

静态局部变量在函数内定义，它是始终存在的，但其作用域仍与自动变量相同，即只能在定义该变量的函数内使用该变量，退出该函数后，尽管该变量还继续存在，但不能使用它。

静态全局变量的作用域局限于一个源文件内，只能为该源文件内的函数公用，因此，可以避免在其他源文件中引起错误。

全局变量与静态全局变量不同，静态全局变量的作用域是源程序中的所有源文件。

d. register（寄存器变量）。

寄存器变量存放在 CPU 的寄存器中，使用它时不需要访问内存，而直接从寄存器中读写，这样可提高效率。

④变量存储器类型。

MCS-51 系列单片机将程序存储器（ROM）和数据存储器（RAM）分开，在物理上分为 4 个存储空间：片内程序存储器空间、片外程序存储器空间、片内数据存储器空间和片外数据存储器空间。

这4个存储空间有不同的寻址机构和寻址方式，常见C51编译器支持的存储器类型有6种：data、bdata 和 idata 型的变量存放在内部数据存储区；pdata 和 xdata 型的变量存放在外部数据存储区；code 型的变量固化在程序存储区。

访问片内数据存储器（data、bdata 和 idata）比访问片外数据存储器（pdata 和 xdata）相对要快一些，因此可以将经常使用的变量放在片内数据存储器中，而将规模较大的或不经常使用的数据存放到片外数据存储器中。

变量的存储器类型可以和数据类型一起使用，例如：

```
int data i;      //整型变量 i 定义在内部数据存储器中
int xdata j;     //整型变量 j 定义在外部数据存储器(64 KB)内
```

一般在定义变量时经常省略存储器类型的定义，采用默认的存储器类型，而默认的存储器类型与存储器模式有关。C51 编译器支持的存储器模式如表7-5所示。

small 模式：所有默认的变量参数均装入内部 RAM 中（与使用显示的 data 关键字定义的结果不同）。使用该模式的优点是访问速度快；缺点是空间有限，而且分配给堆栈的空间比较少，遇到函数嵌套调用和函数递归调用时必须小心，该模式适用于较小的程序。

compact 模式：所有默认的变量均位于外部 RAM 区的一页（与使用显示的 pdata 关键字定义的结果相同），最多能够定义 256 B 变量。使用该模式的优点是变量定义空间比 small 模式大，但运行速度比 small 模式慢。

表7-5　C51 编译器支持的存储器模式

存储器模式	描述
small	参数及局部变量放入可直接寻址的内部数据存储器中（最大 128 B，默认存储器类型为 data）
compact	参数及局部变量放入外部数据存储器的前 256 B 中（最大 256 B，默认存储器类型为 pdata）
large	参数及局部变量直接放入外部数据存储器中（最大 64 KB，默认存储器类型为 xdata）

large 模式：所有默认的变量可存放在多达 64 KB 的外部 RAM 区（与使用显示的 xdata 关键字定义的结果相同）。该模式的优点是空间大，可定义变量多；缺点是速度慢，一般用于较大的程序，或扩展了大容量外部 RAM 的系统中。

存储器模式决定了变量的默认存储器类型、参数传递区和无明确存储种类的说明。例如：若定义 "char s"，在 small 存储器模式下，s 被定位在 data 存储区；在 compact 存储模式下，s 被定位在 pdata 存储区；在 large 存放模式下，s 被定位在 xdata 存储区。

存储器模式定义关键字 small、compact 和 large 属于 C51 编译器控制指令，可以在命令行输入，也可以在源文件的开始直接使用下面的预处理语句（假设源程序名为 prog.c）。

方法1：用 C51 编译程序 prog.c 时，使用命令 "C51 prog.c compact"。

方法2：在程序的第一行使用预处理命令 "#progma compact"。

除非特殊说明，本书中的 C51 程序均运行在 small 模式下。下面给出一些变量定义的例子。

```
data char var;              //字符型变量 var 存储在片内数据存储区
char code MSG[ ] = "Hello"; //字符串变量 MSG 存储在程序存储区
float idata x;              //实型变量 x 存储在片内用间址访问的内部数据存储区
bit se1;                    //位变量 se1 存储在片内数据可位寻址存储区
unsigned int pdata sum;     //无符号整型变量存储在分页的外部数据存储区
sfr P0 = 0x80;              //P0 口,地址为 80H
sbit OV = PSW^2;            //可位寻址变量 OV 为 PSW.2,地址为 D2H
```

初学者容易混淆符号常量与变量,区别它们的方法是观察它们的值在程序运行过程中能否变化。符号常量的值在其作用域中不能改变。在编写程序时习惯上将符号常量的标识符用大写字符来表示,而变量标识符用小写字母来表示,以示二者的区别。

在编程时如果不进行负数运算,应尽可能使用无符号字符变量或者位变量,因为它们能被 C51 接受,可以提高程序的运算速度。有符号字符变量虽然也只占用 1 B,但需要进行额外的操作来测试代码的标号位,这将会降低代码的执行效率。

(3) 运算符和表达式。

C 语言提供了丰富的运算符,它们能构成多种表达式,处理不同的问题,从而使 C 语言的运算功能十分强大。C 语言的运算符可以分为 12 类,如表 7-6 所示。

表达式是由运算符及运算对象组成的具有特定含义的式子。C 语言是一种表达式语言,表达式后面加上分号";"就构成了表达式语句。这里我们主要介绍在 C51 编程中经常用到的算术运算符、赋值运算符、关系运算符、逻辑运算符、位运算符、逗号运算符及其表达式。

表 7-6 C 语言的运算符

运算符名	运算符
算术运算符	+、-、*、/、%、++、--
关系运算符	>、<、==、>=、<=、!=
逻辑运算符	!、&&、||
位运算符	<<、>>、~、&、|、^
赋值运算符	=
条件运算符	?、:
逗号运算符	,
指针运算符	*、&
求字节运算符	sizeof
强制类型转换运算符	(类型)
下标运算符	[ ]
函数调用运算符	( )

①算术运算符与算术表达式。

C51 中的算术运算符如表 7-7 所示。

表7-7 算术运算符

运算符	名称	功能
+	加法	求两个数的和,例如8+9=17
-	减法	求两个数的差,例如9-8=1
*	乘法	求两个数的积,例如4*5=20
/	除法	求两个数的商,例如8/4=2
%	取余	求两个数的余数,例如20%9=2
++	自增1	变量自动加1
--	自减1	变量自动减1

要注意除法运算符在进行浮点数相除时,其结果为浮点数,如20.0/5所得值为4.0;而进行两个整数相除时,所得值是整数,如7/3,其值为2。

取余运算符(模运算符)"%"要求参与运算的量均为整型,其结果等于两数相除后的余数。

C51提供的自增运算符"++"和自减运算符"--",作用是使变量值自动加1或减1。自增运算和自减运算只能用于变量而不能用于常量表达式,运算符放在变量前和变量后是不同的。

后置运算:i++(或i--)是先使用i的值,再执行i+1(或i-1)。

前置运算:++i(或--i)是先执行i+1(或i-1),再使用i的值。

对自增、自减运算的理解和使用是比较容易出错的,应仔细分析,例如:

```
int i =100,j;
j = ++i;      //j=101,i=101
j = i ++;     //j=101,i=102
```

编程时常用"++""--"这两个运算符于循环语句中,使循环变量自动加1;也常用于指针变量,使指针自动加1指向下一个地址。

②赋值运算符与赋值表达式。

赋值运算符"="的作用就是给变量赋值,如"x=10;"。用赋值运算符将一个变量与一个表达式连接起来的式子称为赋值表达式,在表达式后面加";"便构成了赋值语句。赋值语句的格式如下:

变量=表达式;

例如:

```
k = 0xff;      //将十六进制数FFH赋予变量k
b = c = 33;    //将33同时赋予变量b和c
d = e;         //将变量e的值赋予变量d
f = a + b;     //将表达式a+b的值赋予变量f
```

由此可见,赋值表达式的功能是计算表达式的值并再将之赋予左边的变量。赋值运算符具有右结合性,因此有下面的语句:

a = b = c = 5;

可理解为：

a = (b = (c = 5));

按照 C 语言的规定，任何表达式在其末尾加上分号就构成语句。因此"x = 8;"和"a = b = c = 5;"都是赋值语句。

如果赋值运算符两边的数据类型不相同，系统将自动进行类型转换，即把赋值号右边的类型换成左边的类型。具体规定如下：

当实型赋给整型时，舍去小数部分。

当整型赋给实型时，数值不变，但将以浮点形式存放，即增加小数部分（小数部分的值为0）。

当字符型赋给整型时，由于字符型为 1 个字节，而整型为 2 个字节，故将字符的 ASCII 码值放到整型量的低 8 位中，高 8 位为"0"。

当整型赋给字符型时，只把低 8 位赋给字符量。

在 C 语言程序设计中，经常使用复合赋值运算符对变量进行赋值。

复合赋值运算符就是在赋值符"="之前加上其他运算符。表 7-8 列出了 C 语言中的复合赋值运算符。

表 7-8 复合赋值运算符

运算符	功能	运算符	功能
+=	加法赋值	>>=	右移位赋值
-=	减法赋值	&=	逻辑与赋值
*=	乘法赋值	|=	逻辑或赋值
/=	除法赋值	^=	逻辑异或赋值
%=	取余赋值	~=	逻辑非赋值
<<=	左移位赋值		

构成复合赋值表达式的一般形式为：

变量 双目运算符 = 表达式

它等效于：

变量 = 变量 运算符 表达式

例如：

a += 5   // 相当于 $a = a + 5$
x *= y + 7   // 相当于 $x = x * (y + 7)$
r %= p   // 相当于 $r = r \% p$

在程序中使用复合赋值运算符，可以简化程序，有利于编译处理，提高编译效率并产生质量较高的目标代码。

③关系运算符与关系表达式。

在前面介绍过的分支选择程序结构中,经常需要比较两个变量的大小关系,以决定程序下一步的操作。比较两个数据量的运算符称为关系运算符。

C 语言提供了 6 种关系运算符,如表 7-9 所示。

在关系运算符中,<、<=、>、>= 的优先级相同,== 和 != 优先级相同;前者优先级高于后者。

表 7-9 关系运算符

运算符	功能	运算符	功能
>	大于	<=	小于等于
>=	大于等于	==	等于
<	小于	!=	不等于

例如:"a==b>c;"应理解为"a==(b>c);"。

关系运算符优先级低于算术运算符,高于赋值运算符。

例如:"a+b>c+d;"应理解为"(a+b)>(c+d);"。

关系表达式是用关系运算符连接的两个表达式。它的一般形式为:

表达式　关系运算符　表达式

关系表达式的值只有"0"和"1"两种,即逻辑的"真"与"假"。当指定的条件满足时,结果为"1",不满足时结果为"0"。例如表达式"5>0"的值为"真",即为"1",而表达式"(a=3)>(b=5)"由于 3>5 不成立,故其值为"假",即为"0"。

```
a+b>c        //若 a=1,b=2,c=3,则表达式的值为"0"(假)
x>3/2        //若 x=2,则表达式的值为"1"(真)
c==5         //若 c=1,则表达式的值为"0"(假)
```

④逻辑运算符与逻辑表达式。

C 语言中提供了 3 种逻辑运算符,如表 7-10 所示。

表 7-10 逻辑运算符

运算符	功能
&&	逻辑与(AND)
||	逻辑或(OR)
!	逻辑非(NOT)

逻辑表达式的一般形式如下:

逻辑与:条件式 1 && 条件式 2
逻辑或:条件式 1 || 条件式 2
逻辑非:! 条件式

"&&"和"||"是双目运算符,要求有两个运算对象,结合方向是从左至右。"!"是单目运算符,只要求一个运算符对象,结合方向是从右至左。

逻辑表达式的运算规则如下。

逻辑与：a&&b，当且仅当两个运算量的值都为"真"时，运算结果为"真"，否则为"假"。

逻辑或：a‖b，当且仅当两个运算量的值都为"假"时，运算结果为"假"，否则为"真"。

逻辑非：!a，当运算量的值为"真"时，运算结果为"假"；当运算量的值为"假"时，运算结果为"真"。

表 7-11 给出了执行逻辑运算的结果。

表 7-11 逻辑运算的结果

条件式 1	条件式 2	逻辑运算		
a	b	!a	a&&b	a‖b
真	真	假	真	真
真	假	假	假	真
假	真	真	假	真
假	假	真	假	假

例如：设 $x=3$，则"(x>0)&&(x<6)"的值为"真"，而"(x<0)&&(x>6)"的值为"假"，!x 的值为"假"。

逻辑运算符"!"的优先级最高，其次为"&&"，最低为"‖"。和其他运算符比较，优先级从高到低的排列顺序为：

! →算术运算符→关系运算符→&&→‖→赋值运算符

例如："a>b&&x>y"可以理解为"(a>b)‖(x>y)"，"!a‖a>b"可以理解为"(!a)‖(a>b)"。

⑤位运算符与位运算表达式。

在 MCS-51 系列单片机应用系统设计中，对 I/O 端口的操作是非常频繁的，因此往往要求程序在位（bit）一级进行运算或处理，因此，汇编语言具有强大灵活的位处理能力。C51 语言直接面对 MCS-51 系列单片机硬件，也提供了强大灵活的位运算功能，使得 C 语言也能像汇编语言一样对硬件直接进行操作。

C51 提供了 6 种位运算符，如表 7-12 所示。

表 7-12 位运算符

运算符	功能	运算符	功能
&	按位与	~	按位取反
‖	按位或	>>	右移
^	按位异或	<<	左移

位运算符的作用是按二进制位对变量进行运算，表 7-13 是位运算符的真值表。

按位与运算通常用来对某些位清零或保留某些位。例如，要保留从 P3 端口的 P3.0 和 P3.1 读入的两位数据，可以执行"control = P3&0x03;"操作（0x03 的二进制数为

00000011B）；而要求P1端口的P1.4～P1.7为"0"，可以执行"P1 = P1&0x0f;"操作（0x0f的二进制数为00001111B）。

同样，按位或运算经常用于把指定位置"1"、其余位不变的操作。

表7-13 位运算符的真值表

位变量1	位变量2	位运算				
a	b	~a	~b	a&b	a|b	a^b
0	0	1	1	0	0	0
0	1	1	0	0	1	1
1	0	0	1	0	1	1
1	1	0	0	1	1	0

左移运算符"<<"的功能，是把"<<"左边的操作数的各二进制位全部左移若干位，移动的位数由"<<"右边的常数指定，高位丢弃，低位补"0"。例如："a<<4"是把a的各二进制位向左移动4位。如a = 00000011B（十进制数3），左移4位后为00110000B（十进制数48）。

右移运算符">>"的功能，是把">>"左边的操作数的各二进制位全部右移若干位，移动的位数由">>"右边的常数指定。进行右移运算时，如果是无符号数，则总是在其左端补"0"；对于有符号数，在右移时，符号位将随同移动。当为正数时，最高位补"0"，而为负数时，符号位为"1"，最高位补"0"或补"1"取决于编译系统的规定。例如：设a = 0x98，如果a为无符号数，则"a>>2"表示把10011000B右移为00100110B；如果a为有符号数，则"a>>2"表示把10011000B右移为11100110B。

⑥逗号运算符与逗号表达式

在C语言中逗号","也是一种运算符，称为逗号运算符，其功能是把两个表达式连接起来组成一个表达式，称为逗号表达式，其一般形式为：

表达式1,表达式2,……,表达式n

逗号表达式的求值过程是：从左至右分别求出各个表达式的值，并以最右边的表达式n的值作为整个逗号表达式的值。

程序中使用逗号表达式的目的，通常是要分别求逗号表达式内各表达式的值，并不一定要求整个表达式的值。例如：

x = (y = 10,y + 5);

上面括号内的逗号表达式，逗号左边的表达式是将10赋给y，逗号右边的表达式进行y + 5的计算，逗号表达式的结果是将最右边的表达式"y + 5"的结果15赋给x。

并不是在所有出现逗号的地方都组成逗号表达式，如在变量说明、函数参数表中的逗号：

unsigned int i,j;

项目七 单片机C语言控制程序的编写——拓展训练

> **任务实施**

1. 硬件电路设计

霓虹灯控制电路请参考任务一中图7-11所示的电路图。

2. 参考程序

方案一：循环结构编译。

循环结构编译模拟霓虹灯控制系统的源程序如下：

```c
//程序:EX7_4.C
//功能:采用循环结构实现霓虹灯控制程序
#include <reg51.h>
void delay(unsigned char i);      //延时函数声明
void main( )                       //主函数
{
unsigned char i,w;
while(1)
{
w=0x01;                            //霓虹灯显示字初值为01H
for(i=0;i<8;i++)
{
P1=~w;                             //显示字取反后,送P1口
delay(200);                        //延时
w<<1;                              //显示字左移一位
w=0x80;                            //霓虹灯显示字初值为80H
for(i=0;i<8;i++)
{
P1=~w;                             //显示字取反后,送P1口
delay(200);                        //延时
w>>1;                              //显示字右移一位
P1=0x00;                           //点亮全部发光二极管
delay(200);                        //延时
P1=0xff;                           //熄灭全部发光二极管
delay(200);                        //延时
//重复全部点亮和熄灭语句可获得相应的闪烁次数
}
}
}
void delay (unsigned char i)//延时函数,参见EX7_1.C中的延时函数
```

程序EX7_4.C采用双重循环结构实现，外循环为while(1)无限循环，内循环为for循

环,实现霓虹灯一次扫描效果(从 P1.0~P1.7),循环 8 次。显然,循环程序更加简捷,代码效率高。

如果将主函数中 delay( ) 函数的实际参数修改为 257,即将语句"delay(200);"修改为"delay(257);",再次编译运行程序,就会出现 8 只灯全部点亮的效果。

因为 delay( ) 函数形式参数的数据类型定义为 unsigned char,其数值范围是 0~255,调用函数时实际参数必须与形式参数一直,而 257 超过了形式参数 i 定义的范围,编译器编译源程序时把实际参数修改为:257 - 256 = 1(8 位二进制数的模为 256),大大缩短了延时子程序中的循环次数,出现 8 只灯全部点亮的效果。

因此,在程序设计中,必须注意变量定义的数据类型。

方案二:引用常量和位运算编译。

采用位运算来实现发光二极管点亮位置移动的霓虹灯控制程序如下:

```c
//程序:EX7_5.C
//功能:采用引用常量和位运算实现霓虹灯控制程序,显示效果为依次熄灭发光二极管
#include <reg51.h>
#define TIME 200
void delay(unsigned char i);        //延时函数声明
void main( )                        //主函数
{
while(1)
{
P1 = 0x00;                          //P1 口全部清零,即点亮 8 只发光二极管
delay(TIME);                        //延时
P1 = P1|0x01;                       //熄灭第 1 只发光二极管
delay(TIME);                        //延时
P1 = P1|0x03;                       //熄灭第 1、2 只发光二极管
delay(TIME);                        //延时
//以此类推直至下面语句
P1 = P1|0xff;                       //熄灭所有发光二极管
delay(TIME);                        //延时
P1 = P1&0x7f;                       //点亮第 8 只发光二极管
delay(TIME);                        //延时
P1 = P1&0x3f;                       //点亮第 7 只和第 8 只发光二极管
delay(TIME);                        //延时
///以此类推直至下面语句
P1 = P1&0x00;                       //点亮全部发光二极管
delay(TIME);                        //延时
P1 = P1|0xff;                       //熄灭所有发光二极管
delay(TIME);                        //延时
```

//重复全部点亮和熄灭语句可获得相应的闪烁次数
    }
  }
void delay (unsigned char i)   //延时函数,参见 EX7_1.C 中的延时函数

上面程序实现的霓虹灯效果是：全部点亮 8 只发光二极管，然后逐一熄灭。

3. 程序调试

把源程序 EX7_4.C、EX7_5.C 分别编译、链接后，再分别下载到单片机中，接通电路板电源，即可观察到 8 只发光二极管逐一点亮的流水灯。

任务总结

在本任务中，我们分别采用了双重循环结构、常量控制以及位运算控制来实现简易霓虹灯控制程序，让同学们进一步理解 C51 结构化程序的设计方法，同时了解 C 语言的基本数据类型及各种运算方法。

拓展提高

利用单片机和 C 语言制作简易抢答器，要求设置一个裁判键，4 个选手键，以及一个裁判指示灯和 4 个选手指示灯，当裁判按下按键后，裁判指示灯亮，选手可以抢答，某一选手第一按下抢答键后，相应选手指示灯亮，裁判指示灯熄灭，其他选手此时按键无效。

项目评价

课程名称：单片机应用技术	授课地点：	
学习任务：霓虹灯的制作	授课教师：	授课学时：
课程性质：理实一体课程	综合评分：	
知识掌握情况评分（35 分）		
序号	知识考核点	教师评价	配分	实际得分
---	---	---	---	---
1	选择语句的编写		10	
2	循环语句的编写		10	
3	数据类型的选择		5	
4	运算符和表达式的使用		5	
5	熟练掌握 Keil 和 Proteus 的使用		5	
工作任务完成情况评分（65 分）				
序号	技能考核点	教师评价	配分	实际得分
1	设计本项目中的硬件电路的能力		10	
2	编写 C 语言程序及调试的能力		15	

续表

课程名称：单片机应用技术	授课地点：	
学习任务：霓虹灯的制作	授课教师：	授课学时：
课程性质：理实一体课程	综合评分：	

工作任务完成情况评分（65分）				
序号	技能考核点	教师评价	配分	实际得分
3	能说明汽车转向灯和霓虹灯程序设计思路，读懂程序		15	
4	软件仿真、电路连接和系统调试能力		15	
5	与组员的互助合作能力		10	

违纪扣分（20分）				
序号	扣分项目	教师评价	配分	实际得分
1	学习中玩手机、打游戏		5	
2	课上吃东西		5	
3	课上打电话		5	
4	其他扰乱课堂秩序的行为		5	

练习与思考

一、填空题

一个函数由两部分组成，即_____和_____。

二、选择题

1. C语言中最简单的数据类型包括（　　）。
   A. 整型、实型、逻辑型　　　　　　　　B. 整型、实型、字符型
   C. 整型、字符型、逻辑型　　　　　　　D. 整型、实型、逻辑型、字符型

2. 下列描述中正确的是（　　）。
   A. 程序就是软件　　　　　　　　　　　B. 软件开发不受计算机系统的限制
   C. 软件既是逻辑实体，又是物理实体　　D. 软件是程序、数据与相关文档的集合

3. 下列计算机语言中，CPU能直接识别的是（　　）。
   A. 自然语言　　　　　　　　　　　　　B. 高级语言
   C. 汇编语言　　　　　　　　　　　　　D. 机器语言

4. 以下叙述中正确的是（　　）。
   A. 用C语言实现的算法必须要有输入和输出操作
   B. 用C语言实现的算法可以没有输出但必须要有输入
   C. 用C程序实现的算法可以没有输入但必须要有输出
   D. 用C程序实现的算法可以既没有输入也没有输出

5. C语言提供的合法的数据类型关键字是（　　）。
   A. double　　　　　B. short　　　　　C. integer　　　　　D. char

6. 以下选项中可作为 C 语言合法常量的是（　　）。
A. -80　　　　　B. -080　　　　　C. -8e1.0　　　　　D. -80.0e
7. 以下不能定义为用户标识符的是（　　）。
A. Main　　　　　B. _0　　　　　C. _int　　　　　D. sizeof
8. 下列选项中，不能作为合法常量的是（　　）。
A. 1.234e04　　　　　　　　　　　B. 1.234e0.4
C. 1.234e+4　　　　　　　　　　　D. 1.234e0
9. 在 C 语言中，合法的长整型常数是（　　）。
A. 0L　　　　　B. 4962710　　　　　C. 324562&　　　　　D. 216D
10. 以下选项中合法的字符常量是（　　）。
A. "B"　　　　　B. '\010'　　　　　C. 68　　　　　D. D

三、判断题

1. 在对某一函数进行多次调用时，系统会对相应的自动变量重新分配存储单元。（　　）
2. 在 C 语言的复合语句中，只能包含可执行语句。（　　）
3. 自动变量属于局部变量。（　　）
4. continue 和 break 都可用来实现循环体的中止。（　　）
5. 字符常量的长度肯定为 1。（　　）
6. C 语言允许在复合语句内定义自动变量。（　　）
7. 若一个函数的返回类型为 void，则表示其没有返回值。（　　）
8. 所有定义在主函数之前的函数无须进行声明。（　　）

附录 A　本教程中常用的器件及实训电路

对职业院校学生的培养，最重要的是动手操作能力的培养。高职院校学生毕业后到社会上真正从事单片机嵌入式系统设计的人数不多，大多从事系统安装调试及系统维护，这就要求他们具有在实践中分析问题，解决问题的能力和实践操作的能力，因此，在单片机应用教学中，除了仿真电路的设计与调试，真正实训电路的搭建与软硬件联合调试显得更加必要。实践证明，学生组成团队或小组，相互配合，互相提醒督促，电路搭建与接线中能养成一丝不苟、精益求精、按规范操作的职业素养。项目教学中用实际的单片机及其他电子元件制作实训电路，可以显著提高学生的实践技能，既安全又全面。

一、实训电路软硬件联合调试的方法

1. 硬件电路的搭建

（1）按照原理图的要求，在面包板上进行单片机、时钟电路、复位电路的安装。

（2）AT89S51 单片机 40 脚接电源 V_{CC}，20 脚接地。如果没有外接存储器，31 脚也接电源 V_{CC}。

（3）接其他功能电路，如排阻、开关、电阻、发光二极管、数码管、其他芯片等。

2. 下载程序到单片机中

（1）利用编程器把程序写入单片机。

编程器是一个专门用于单片机写入的设备。写入，就是把程序代码存储到单片机的过程。程序写入过程是把单片机或存储芯片插到编程器的插座上，然后用编程器插座上的一个小扳手把单片机或存储芯片夹住，这样，单片机或存储器的每一个金属管脚与编程器插座的每一个插孔实现了电气连接，单片机或存储器就做好了接收数据的准备。

编程器通过串口、USB 口或并口与普通计算机连接，计算机端有一个写入芯片的应用程序控制编程器的工作，将编译好的 .hex 文件中的十六进制代码写入单片机专门用于存储执行代码的空间中。

（2）利用下载线把程序在线写入单片机。

现在一些新型的单片机如 AT89S51，大都支持在线下载功能（in - system programming）。所谓在线下载与上面提到的编程器写入单片机不同，不需要使用编程器，单片机就能在目标系统中直接被写入，即指令代码能从普通计算机直接写入到单片机中。

要实现在线下载，需要一根下载线，这是一条连接计算机并口（也有适用于串口或 USB 口的）和单片机在线下载接口的电缆。

3. 软硬件联合调试

把调试好的程序下载到单片机中，通电运行联合调试，观察电路是否达到设计要求。如果出现问题，先从硬件电路连接开始查找，测试相关引脚是否与设计相符。如果硬件电路设计和连接没有问题，再进行程序修改调试，然后把程序重新下载到单片机中进行联合调试，直到符合设计要求为止。

4. 注意事项

对于刚接触单片机实训的学生来说，要注意电源正负问题和电路短路问题。但也不要缩手缩脚，只要胆大心细，按电路图进行接线，通电前同学们相互检查一下，再通过老师把关，这个问题就解决了。注意电解电容的极性，不能接反。发光二极管的极性，长引脚为正极，也可以用万用表检测。

二、常用器件

常用器件如附图 1～附图 16 所示。

附图 1 直流 5 V 电源

附图 2 组合式面包板

附图 3 单片机 AT89S51 实物图

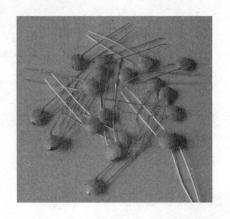
附图 4　30 pF 陶瓷电容

附图 5　47 μF 电解电容

附图 6　面包板插线

附图 7　12 MHz 晶振

附图 8　9 脚排阻
（注：圆点对应的脚为公共端接电源，其他脚引出相应电阻）

附图 9　复位按钮

附录A 本教程中常用的器件及实训电路

附图10 多路拨位开关
（注：实训中代替按钮开关）

附图11 74LS04 实物图和引脚功能图

$Y=\overline{A}$

74LS86、74F86、74ALS86、74HC86
四二输入异或门：

$Y=A\oplus B=\overline{A}B+A\overline{B}$

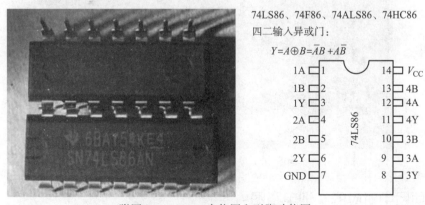

附图12 74LS86 实物图和引脚功能图

附图 13　74HC573 实物图和引脚功能图

附图 14　LED 发光二极管

附图 15　普通色环电阻（10 kΩ）
（注：在实训电路中用来模拟灯具）

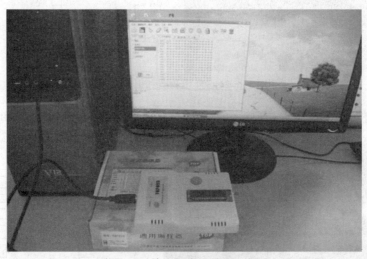

附图 16　单片机编程器及连线图

三、项目中对应的实训电路图

（1）项目一中任务二的单片机最小系统实训电路图，如附图 17 所示。

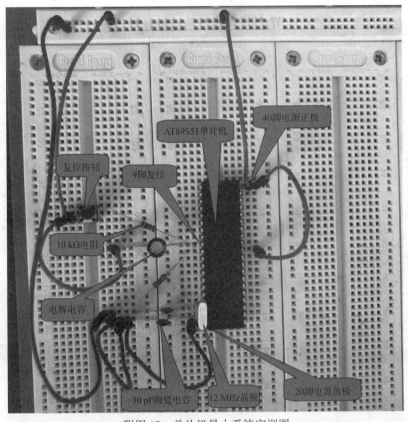

附图17　单片机最小系统实训图

（2）项目一中任务二的AT89S51单片机控制一盏发光二极管实训电路图，如附图18所示。

附图18　AT89S51单片机控制一盏发光二极管实训电路图

（3）项目二中任务二的流水灯设计实训电路图，如附图19所示。

附图19　流水灯设计实训电路图

（4）项目三中任务一的并行输出矩阵式按键显示器制作实训电路图，如附图20所示。

附图20　并行输出矩阵式按键显示器制作实训电路图

（5）项目三中任务二的串行输出独立式按键显示器制作实训电路图，如附图21所示。

附图21　串行输出独立式按键显示器制作实训电路图

（6）项目五中任务一的可中断控制的流水灯系统制作实训电路图，如附图22所示。

附图22　可中断控制的流水灯系统制作实训电路图

（7）项目五中任务二的交通灯控制系统制作实训电路图，如附图23所示。

附图23　交通灯控制系统制作实训电路图

附录 B 51 系列单片机指令表

助记符		指令说明	字节数	周期数
数据传递类指令				
MOV	A，Rn	寄存器传送到累加器	1	1
MOV	A，direct	直接地址传送到累加器	2	1
MOV	A，@Ri	将 Ri 所寻址的 RAM 内容传送到累加器 A	1	1
MOV	A，#data	立即数传送到累加器	2	1
MOV	Rn，A	累加器传送到寄存器	1	1
MOV	Rn，direct	直接地址传送到寄存器	2	2
MOV	Rn，#data	立即数传送到寄存器	2	1
MOV	direct，Rn	寄存器传送到直接地址	2	1
MOV	direct，direct	直接地址传送到直接地址	3	2
MOV	direct，A	累加器传送到直接地址	2	1
MOV	direct，@Ri	间接 RAM 传送到直接地址	2	2
MOV	direct，#data	立即数传送到直接地址	3	2
MOV	@Ri，A	累加器传送到间接 RAM	1	2
MOV	@Ri，direct	直接地址传送到间接 RAM	2	1
MOV	@Ri，#data	立即数传送到间接 RAM	2	2
MOV	DPTR，#data16	16 位常数加载到数据指针	3	1
MOVC	A，@A+DPTR	代码字节传送到累加器	1	2
MOVC	A，@A+PC	代码字节传送到累加器	1	2
MOVX	A，@Ri	外部 RAM（8 位地址）传送到累加器	1	2
MOVX	A，@DPTR	外部 RAM（16 位地址）传送到累加器	1	2
MOVX	@Ri，A	累加器传送到外部 RAM（8 位地址）	1	2
MOVX	@DPTR，A	累加器传送到外部 RAM（16 位地址）	1	2
PUSH	direct	直接地址压入堆栈	2	2
POP	direct	直接地址弹出堆栈	2	2
XCH	A，Rn	寄存器和累加器交换	1	1
XCH	A，direct	直接地址和累加器交换	2	1
XCH	A，@Ri	间接 RAM 和累加器交换	1	1
XCHD	A，@Ri	间接 RAM 和累加器交换低 4 位字节	1	1

续表

助记符		指令说明	字节数	周期数
算术运算类指令				
INC	A	累加器加 1	1	1
INC	Rn	寄存器加 1	1	1
INC	direct	直接地址加 1	2	1
INC	@Ri	间接 RAM 加 1	1	1
INC	DPTR	数据指针加 1	1	2
DEC	A	累加器减 1	1	1
DEC	Rn	寄存器减 1	1	1
DEC	direct	直接地址减 1	2	2
DEC	@Ri	间接 RAM 减 1	1	1
MUL	AB	累加器和 B 寄存器相乘	1	4
DIV	AB	累加器除以 B 寄存器	1	4
DA	A	累加器十进制调整	1	1
ADD	A, Rn	寄存器与累加器求和	1	1
ADD	A, direct	直接地址与累加器求和	2	1
ADD	A, @Ri	间接 RAM 与累加器求和	1	1
ADD	A, #data	立即数与累加器求和	2	1
ADDC	A, Rn	寄存器与累加器求和（带进位）	1	1
ADDC	A, direct	直接地址与累加器求和（带进位）	2	1
ADDC	A, @Ri	间接 RAM 与累加器求和（带进位）	1	1
ADDC	A, #data	立即数与累加器求和（带进位）	2	1
SUBB	A, Rn	累加器减去寄存器（带借位）	1	1
SUBB	A, direct	累加器减去直接地址（带借位）	2	1
SUBB	A, @Ri	累加器减去间接 RAM（带借位）	1	1
SUBB	A, #data	累加器减去立即数（带借位）	2	1
逻辑运算类指令				
ANL	A, Rn	寄存器"与"到累加器	1	1
ANL	A, direct	直接地址"与"到累加器	2	1
ANL	A, @Ri	间接 RAM"与"到累加器	1	1
ANL	A, #data	立即数"与"到累加器	2	1
ANL	direct, A	累加器"与"到直接地址	2	1
ANL	direct, #data	立即数"与"到直接地址	3	2

续表

助记符		指令说明	字节数	周期数
逻辑运算类指令				
ORL	A, Rn	寄存器"或"到累加器	1	2
ORL	A, direct	直接地址"或"到累加器	2	1
ORL	A, @Ri	间接 RAM "或"到累加器	1	1
ORL	A, #data	立即数"或"到累加器	2	1
ORL	direct, A	累加器"或"到直接地址	2	1
ORL	direct, #data	立即数"或"到直接地址	3	1
XRL	A, Rn	寄存器"异或"到累加器	1	2
XRL	A, direct	直接地址"异或"到累加器	2	1
XRL	A, @Ri	间接 RAM "异或"到累加器	1	1
XRL	A, #data	立即数"异或"到累加器	2	1
XRL	direct, A	累加器"异或"到直接地址	2	1
XRL	direct, #data	立即数"异或"到直接地址	3	1
CLR	A	累加器清零	1	2
CPL	A	累加器求反	1	1
RL	A	累加器循环左移	1	1
RLC	A	带进位累加器循环左移	1	1
RR	A	累加器循环右移	1	1
RRC	A	带进位累加器循环右移	1	1
SWAP	A	累加器高、低 4 位交换	1	1
控制转移类指令				
JMP	@A+DPTR	相对 DPTR 的无条件间接转移	1	2
JZ	rel	累加器为"0"则转移	2	2
JNZ	rel	累加器为"1"则转移	2	2
CJNE	A, direct, rel	比较直接地址和累加器,不相等则转移	3	2
CJNE	A, #data, rel	比较立即数和累加器,不相等则转移	3	2
CJNE	Rn, #data, rel	比较寄存器和立即数,不相等则转移	2	2
CJNE	@Ri, #data, rel	比较立即数和间接 RAM,不相等则转移	3	2
DJNZ	Rn, rel	寄存器减1,不为"0"则转移	3	2
DJNZ	direct, rel	直接地址减1,不为"0"则转移	3	2
NOP		空操作,用于短暂延时	1	1
ACALL	add11	绝对调用子程序	2	2
LCALL	add16	长调用子程序	3	2

续表

助记符		指令说明	字节数	周期数
控制转移类指令				
RET		从子程序返回	1	2
RETI		从中断服务子程序返回	1	2
AJMP	add11	无条件绝对转移	2	2
LJMP	add16	无条件长转移	3	2
SJMP	rel	无条件相对转移	2	2
布尔指令				
CLR	C	清进位位	1	1
CLR	bit	清直接寻址位	2	1
SETB	C	置位进位位	1	1
SETB	bit	置位直接寻址位	2	1
CPL	C	取反进位位	1	1
CPL	bit	取反直接寻址位	2	1
ANL	C, bit	直接寻址位"与"到进位位	2	2
ANL	C, /bit	直接寻址位的反码"与"到进位位	2	2
ORL	C, bit	直接寻址位"或"到进位位	2	2
ORL	C, /bit	直接寻址位的反码"或"到进位位	2	2
MOV	C, bit	直接寻址位传送到进位位	2	1
MOV	bit, C	进位位传送到直接寻址位	2	2
JC	rel	如果进位位为"1"则转移	2	2
JNC	rel	如果进位位为"0"则转移	2	2
JB	bit, rel	如果直接寻址位为"1"则转移	3	2
JNB	bit, rel	如果直接寻址位为"0"则转移	3	2
JBC	bit, rel	直接寻址位为"1"则转移并清除该位	2	2
常用伪指令				
ORG		指明程序的开始位置		
DB		定义数据表		
DW		定义16位的地址表		
EQU		给一个表达式或一个字符串起名		
DATA		给一个8位的内部RAM起名		
XDATA		给一个8位的外部RAM起名		
BIT		给一个可位寻址的位单元起名		
END		指出源程序到此为止		

附录 C C51 关键字和常用标准库函数

一、Keil C51 扩展关键字

深入理解并应用 C51 对标准 ANSI C 的扩展是学习 C51 的关键之一。因为大多数扩展功能都是直接针对 8051 系列 CPU 硬件的。大致有以下 8 类：
（1） 8051 存储类型及存储区域；
（2） 存储模式；
（3） 存储器类型声明；
（4） 变量类型声明；
（5） 位变量与位寻址；
（6） 特殊功能寄存器（SFR）；
（7） C51 指针；
（8） 函数属性。
具体说明如下：
C51 V4.0 版本有以下扩展关键字（共 19 个）：
_at_ 、idata、sfr16、alien、interrupt、small、Bdata、large、_task_ 、Code、bit、pdata、Using、reentrant、xdata、compact、sbit、data、sfr。

二、存储模式

存储模式决定了没有明确指定存储类型的变量、函数参数等的缺省存储区域，共 3 种：
1. small 模式
所有缺省变量参数均装入内部 RAM，优点是访问速度快，缺点是空间有限，只适用于小程序。
2. compact 模式
所有缺省变量均位于外部 RAM 区的一页（256 B），具体哪一页可由 P2 口指定，在 ST-ARTUP.A51 文件中说明，也可用 pdata 指定，优点是空间较 small 宽裕，速度较 small 慢，较 large 要快，是一种中间状态。
3. large 模式
所有缺省变量可放在多达 64 KB 的外部 RAM 区，优点是空间大，可存变量多，缺点是速度较慢。

> 提示：存储模式在 C51 编译器选项中选择。

三、指针

C51 支持一般指针（Generic Pointer）和存储器指针（Memory_Specific Pointer）。

1. 一般指针

一般指针的声明和使用均与标准 C 相同，不过同时还可以说明指针的存储类型，例如："long *state;" 中 state 为一个指向 long 型整数的指针，而 state 本身则依存储模式存放。"char xdata *ptr;" 中 ptr 为一个指向 char 数据的指针，而 ptr 本身放于外部 RAM 区，以上的 long、char 等指针指向的数据可存放于任何存储器中。

一般指针本身用 3 个字节存放，分别为存储器类型、高位偏移量、低位偏移量。

2. 存储器指针

基于存储器的指针说明时即指定了存储类型，例如："char data *str;" 中 str 指向 data 区中 char 型数据，"int xdata *pow;" 中 pow 指向外部 RAM 的 int 型整数。

这种指针存放时，只需一个字节或两个字节就够了，因为只需存放偏移量。

3. 指针转换

即指针在上两种类型之间的转换：

（1）当基于存储器的指针作为一个实参传递给需要一般指针的函数时，指针自动转换。

（2）如果不说明外部函数原形，基于存储器的指针自动转换为一般指针，导致错误，因而需用 "#include" 说明所有函数原形。

（3）可以强行改变指针类型。

四、C51 函数声明对 ANSI C 的扩展

具体包括：

（1）中断函数声明。

中断声明方法如下：

```
void serial_ISR () interrupt 4 [using 1]
{

}
```

为提高代码的容错能力，在没用到的中断入口处生成 iret 语句，定义没用到的中断。

```
void extern0_ISR() interrupt 0{}
void timer0_ISR () interrupt 1{}
void extern1_ISR() interrupt 2{}
void timer1_ISR () interrupt 3{}
void serial_ISR () interrupt 4{}
```

（2）通用存储工作区。

（3）选通用存储工作区由 "using x" 声明，见上例。

（4）指定存储模式。

由 small、compact 及 large 说明，例如：

```
void fun1(void) small {}
```

提示：small 说明的函数内部变量全部使用内部 RAM。关键的经常性的耗时的地方可以这样声明，以提高运行速度。

(5) #pragma disable。

若在函数前声明，只对一个函数有效。该函数调用过程中将不可被中断。

(6) 递归或可重入函数指定。

在主程序和中断中都可调用的函数，容易产生问题。因为 51 和 PC 不同，PC 使用堆栈传递参数，且静态变量以外的内部变量都在堆栈中；而 51 一般使用寄存器传递参数，内部变量一般在 RAM 中，函数重入时会破坏上次调用的数据。可以用以下两种方法解决函数重入：

a. 在相应的函数前使用前述 "#pragma disable" 声明，即只允许主程序或中断之一调用该函数。

b. 将该函数说明为可重入的。如下：

```
void func(param...) reentrant;
```

Keil C51 编译后将生成一个可重入变量堆栈，然后就可以模拟通过堆栈传递变量的方法。

由于一般可重入函数由主程序和中断调用，所以通常中断使用与主程序不同的 R 寄存器组。

另外，对可重入函数，在相应的函数前面加上开关 "#pragma noaregs" 语句，以禁止编译器使用绝对寄存器寻址，可生成不依赖于寄存器组的代码。

(7) 指定 PL/M－51 函数由 alien 指定。

五、绝对地址访问

C51 提供了以下 3 种访问绝对地址的方法。

1. 绝对宏

在程序中，用 "#include <absacc.h>" 即可使用其中定义的宏来访问绝对地址，包括：CBYTE、XBYTE、PWORD、DBYTE、CWORD、XWORD、PBYTE、DWORD，具体使用可看一看 absacc.h 便知。

例如：

```
rval = CBYTE[0x0002]        ;指向程序存储器的 0002H 地址
rval = XWORD [0x0002]       ;指向外 RAM 的 0004H 地址
```

2. _at_ 关键字

直接在数据定义后加上 _at_ const 即可，但是注意：

(1) 绝对变量不能被初始化；

(2) bit 型函数及变量不能用 _at_ 指定。

例如：

```
idata struct link list _at_ 0x40        ;指定 list 结构从 40H 开始。
xdata char text[25b] _at_ 0xE000        ;指定 text 数组从 0E000H 开始
```

> 提示：如果外部绝对变量是 I/O 端口等可自行变化数据，需要使用 volatile 关键字进行描述，请参考 absacc.h。

3. 连接定位控制

此法是利用连接控制指令 code、xdata、pdata、data、bdata 对"段"地址进行指定，如要指定某具体变量地址，则很有局限性，不做详细讨论。

六、Keil C51 与汇编的接口

1. 模块内接口

方法是用 #pragma 语句，具体结构是：

```
#pragma asm
汇编行
#pragma endasm
```

这种方法实质是通过 asm 与 endasm 告诉 C51 编译器中间行不用编译为汇编行，因而在编译控制指令中由 SRC 控制将这些不用编译的行存入其中。

2. 模块间接口

C 模块与汇编模块的接口较简单，分别用 C51 与 A51 对源文件进行编译，然后用 L51 将 obj 文件连接即可，关键问题在于 C 函数与汇编函数之间的参数传递问题，C51 中有两种参数传递方法。

（1）通过寄存器传递参数。

最多只能有 3 个参数通过寄存器传递，规律如下表：

参数数目	char	int	long, float	一般指针
1	R7	R6& R7	R4 ~ R7	R1 ~ R3
2	R5	R4& R5	R4 ~ R7	R1 ~ R3
3	R3	R2& R3		R1 ~ R3

（2）通过固定存储区传递（Fixed Memory）参数。

这种方法将 bit 型参数传给一个存储段中。例如：

```
? function_name?BIT
```

将其他类型参数均传给下面的段则为：? function_name? BYTE，且按照预选顺序存放。至于这个固定存储区本身在何处，则由存储模式默认。

（3）函数的返回值。

函数返回值一律放于寄存器中，有如下规律：

return type	Register 说明
bit	标志位,由具体标志位返回

int/unsigned int 2_byte 指针	R6 & R7 双字节由 R6 和 R7 返回, MSB 在 R6
long&unsigned long	R4~R7 MSB 在 R4, LSB 在 R7
float	R4~R7 32 bit IEEE 格式

(4) SRC 控制。

该控制指令将 C 文件编译生成汇编文件（.src），该汇编文件可改名后，生成汇编.asm 文件，再用 A51 进行编译。

七、C51 软件包中的通用文件

在 C51 Lib 目录下有几个 C 源文件，这几个 C 源文件有非常重要的作用，对它们稍加修改，就可以用在自己的专用系统中。

1. 动态内存分配

init_mem. C：此文件是初始化动态内存区的程序源代码。它可以指定动态内存的位置及大小，只有使用了 init_mem( ) 才可以调回其他函数，诸如 malloc、calloc、realloc 等。

calloc. c：此文件是给数组分配内存的源代码，它可以指定单位数据类型及该单元数目。

malloc. c：此文件是 malloc 的源代码，分配一段固定大小的内存。

realloc. c：此文件是 realloc. c 源代码，其功能是调整当前分配动态内存的大小。

2. C51 启动文件 STARTUP. A51

启动文件 STARTUP. A51 中包含目标板启动代码，可在每个 project 中加入这个文件，只要复位，则该文件立即执行，其功能包括：

(1) 定义内部 RAM 大小、外部 RAM 大小、可重入堆栈位置。
(2) 清除内部、外部或者以此页为单元的外部存储器。
(3) 按存储模式初始化重入堆栈及堆栈指针。
(4) 初始化 8051 硬件堆栈指针。
(5) 向 main ( ) 函数交权。

开发人员可修改以下数据，从而对系统初始化：

常数名	意义
IDATALEN	待清内部 RAM 长度
XDATA START	指定待清外部 RAM 起始地址
XDATALEN	待清外部 RAM 长度
IBPSTACK	是否小模式重入堆栈指针需初始化标志，"1" 为需要。缺省为 "0"
IBPSTACKTOP	指定小模式重入堆栈顶部地址
XBPSTACK	是否大模式重入堆栈指针需初始化标志，缺省为 "0"
XBPSTACKTOP	指定大模式重入堆栈顶部地址
PBPSTACK	是否 compact 重入堆栈指针需初始化标志，缺省为 "0"
PBPSTACKTOP	指定 compact 模式重入堆栈顶部地址
PPAGEENABLE	P2 初始化允许开关
PPAGE	指定 P2 值
PDATASTART	待清外部 RAM 页首址

PDATALEN   待清外部RAM页长度

提示：如果要初始化P2作为紧凑模式高端地址，必须是：PPAGEENAGLE = 1，PPAGE为P2值。例如指定某页1000H～10FFH，则PPAGE = 10H，而且连接时必须为：L51 < input modules > PDATA（1080H），其中1080H是1000H～10FFH中的任一个值。

以下是STARTUP.A51代码片段，其中有经常可能需要修改的地方：

```
;------------------------------------------------------------
; This file is part of the C51 Compiler package
; Copyright KEIL ELEKTRONIK GmbH 1990
;------------------------------------------------------------
; STARTUP.A51: This code is executed after processor reset.
;
; To translate this file use A51 with the following invocation:
;
; A51 STARTUP.A51
;
; To link the modified STARTUP.OBJ file to your application use the following
; L51 invocation:
;
; L51 <your object file list>, STARTUP.OBJ <controls>
;
;------------------------------------------------------------
;
; User-defined Power-On Initialization of Memory
;
; With the following EQU statements the initialization of memory
; at processor reset can be defined:
;
; ; the absolute start-address of IDATA memory is always 0
IDATALEN EQU 80H ; the length of IDATA memory in bytes.
;
```

```
XDATASTART EQU 0H ; the absolute start-address of XDATA memory
XDATALEN   EQU 0H ; the length of XDATA memory in bytes.
;
PDATASTART EQU 0H ; the absolute start-address of PDATA memory
PDATALEN   EQU 0H ; the length of PDATA memory in bytes.
;
; Notes: The IDATA space overlaps physically the DATA and BIT areas of the
; 8051 CPU. At minimum the memory space occupied from the C51
; run-time routines must be set to zero.
;-----------------------------------------------------------
;
; Reentrant Stack Initialization
;
; The following EQU statements define the stack pointer for reentrant
; functions and initialized it:
;
; Stack Space for reentrant functions in the SMALL model.
IBPSTACK    EQU 0 ; set to 1 if small reentrant is used.
IBPSTACKTOP EQU 0FFH+1 ; set top of stack to highest location +1.
;
; Stack Space for reentrant functions in the LARGE model.
XBPSTACK    EQU 0 ; set to 1 if large reentrant is used.
XBPSTACKTOP EQU 0FFFFH+1; set top of stack to highest location +1.
;
; Stack Space for reentrant functions in the COMPACT model.
PBPSTACK    EQU 0 ; set to 1 if compact reentrant is used.
PBPSTACKTOP EQU 0FFFFH+1; set top of stack to highest location +1.
;
;-----------------------------------------------------------
;
; Page Definition for Using the Compact Model with 64KByte xdata RAM
;
; The following EQU statements define the xdata page used for pdata
; variables. The EQU PPAGE must conform with the PPAGE control used
; in the linker invocation.
;
```

```
PPAGEENABLE EQU 0 ; set to 1 if pdata object are used.
PPAGE EQU 0 ; define PPAGE number.
;
;------------------------------------------------------------
```

3. 标准输入输出文件

（1）putchar.c。

putchar.c 是一个低级字符输出子程序，开发人员可修改后应用到自己的硬件系统上，例如向 CLD 或 LEN 输出字符。putchar.c 是向串口输出一个字符。

（2）getkey.c。

getkey 函数是一个低级字符输入子程序，该程序可用到自己硬件系统，如矩阵键盘输入中，缺省时通过串口输入字符。

4. 其他文件

还包括对 Watch-Dog 有独特功能的 INIT.A51 函数以及对 8XC751 适用的函数，可参考源代码。

八、几类重要库函数

（1）专用寄存器 include 文件。例如：8031、8051 均为 reg51.h，其中包括所有 8051 的 SFR 及其位定义。一般系统都必须包括本文件。

（2）绝对地址 include 文件 absacc.h。该文件中实际只定义了几个宏，以确定各存储空间的绝对地址。

（3）动态内存分配函数，位于 stdlib.h 中。

（4）缓冲区处理函数位于 string.h 中，其中包括拷贝、比较、移动等函数，如：Memccpy、memchr、memcmp、memcpy、memmove、memset，能很方便地对缓冲区进行处理。

（5）输入输出流函数，位于 stdio.h 中。流函数通过 8051 的串口或用户定义的 I/O 口读写数据，缺省时为 8051 串口，如要修改，比如改为 LCD 显示，可修改 lib 目录中的 getkey.c 及 putchar.c 源文件，然后在库中替换它们即可。

九、Keil C51 库函数原型列表

1. CTYPE.H

bit isalnum（char c）;
bit isalpha（char c）;
bit iscntrl（char c）;
bit isdigit（char c）;
bit isgraph（char c）;
bit islower（char c）;
bit isprint（char c）;
bit ispunct（char c）;
bit isspace（char c）;

bit isupper（char c）;
bit isxdigit（char c）;
bit toascii（char c）;
bit toint（char c）;
char tolower（char c）;
char toupper（char c）;

2. INTRINS. H

unsigned char _crol_（unsigned char c, unsigned char b）;
unsigned char _cror_（unsigned char c, unsigned char b）;
unsigned char _chkfloat_（float ual）;
unsigned int _irol_（unsigned int i, unsigned char b）;
unsigned int _iror_（unsigned int i, unsigned char b）;
unsigned long _irol_（unsigned long l, unsigned char b）;
unsigned long _iror_（unsigned long L, unsigned char b）;
void _nop_（void）;
bit _testbit_（bit b）;

3. STDIO. H

char getchar（void）;
char _getkey（void）;
char *gets（char *string, int len）;
int printf（const char *fmtstr [, argument] …）;
char putchar（char c）;
int puts（const char *string）;
int scanf（const char *fmtstr. [, argument] …）;
int sprintf（char *buffer, const char *fmtstr [; argument]）;
int sscanf（char *buffer, const char *fmtstr [, argument]）;
char ungetchar（char c）;
void vprintf（const char *fmtstr, char *argptr）;
void vsprintf（char *buffer, const char *fmtstr, char *argptr）;

4. STDLIB. H

float atof（void *string）;
int atoi（void *string）;
long atol（void *string）;
void *calloc（unsigned int num, unsigned int len）;
void free（void xdata *p）;
void init_mempool（void *data *p, unsigned int size）;
void *malloc（unsigned int size）;
int rand（void）;
void *realloc（void xdata *p, unsigned int size）;

void srand (int seed);

5. STRING. H

void * memccpy (void * dest, void * src, char c, int len);
void * memchr (void * buf, char c, int len);
char memcmp (void * buf1, void * buf2, int len);
void * memcopy (void * dest, void * SRC, int len);
void * memmove (void * dest, void * src, int len);
void * memset (void * buf, char c, int len);
char * strcat (char * dest, char * src);
char * strchr (const char * string, char c);
char strcmp (char * string1, char * string2);
char * strcpy (char * dest, char * src);
int strcspn (char * src, char * set);
int strlen (char * src);
char * strncat (char 8dest, char * src, int len);
char strncmp (char * string1, char * string2, int len);
char * strncpy (char * dest, char * src, int len);
char * strpbrk (char * string, char * set);
int strpos (const char * string, char c);
char * strrchr (const char * string, char c);
char * strrpbrk (char * string, char * set);
int strrpos (const char * string, char c);
int strspn (char * string, char * set);

参 考 文 献

［1］迟忠君. 单片机应用技术［M］. 北京：北京邮电大学出版社，2016.
［2］倪志莲. 单片机应用技术［M］. 北京：北京理工大学出版社，2012.
［3］李明，毕万新. 单片机原理与接口技术［M］. 第三版. 大连：大连理工大学出版社，2009.
［4］王平. 单片机应用设计与制作——基于 Keil 和 Proteus 开发仿真平台［M］. 北京：清华大学出版社，2012.
［5］王静霞，杨宏丽，刘俐. 单片机应用技术（C 语言版）［M］. 北京：电子工业出版社，2009.
［6］马应魁. 微处理器应用［M］. 北京：化学工业出版社，2009.

参考文献